读懂婴语

1岁前孩子的行为心理学

牛牛爸爸 / 著

江西人民出版社
Jiangxi People's Publishing House
全国百佳出版社

图书在版编目（CIP）数据

读懂婴语 ：1岁前孩子的行为心理学 / 牛牛爸爸著
. —— 南昌 ：江西人民出版社，2018.11
ISBN 978-7-210-10630-2

Ⅰ．①读… Ⅱ．①牛… Ⅲ．①婴儿心理学 Ⅳ.
①B844.11

中国版本图书馆CIP数据核字(2018)第164499号

读懂婴语：1岁前孩子的行为心理学

牛牛爸爸 / 著

责任编辑 / 冯雪松

出版发行 / 江西人民出版社

印刷 / 大厂回族自治县彩虹印刷有限公司

版次 / 2018年11月第1版

2018年11月第1次印刷

880毫米×1230毫米　1/32　6.5印张

字数 / 115千字

ISBN 978-7-210-10630-2

定价 / 42.00元

赣版权登字-01-2018-585

前言

"4+2" 模式：帮你读懂婴语

如果说与3岁孩子交流是一场别开生面的交流会，那么与1岁宝宝的交流则更像是在说哑语，因为这时的宝宝根本不能流畅地表达出一个完整的句子，甚至只会简单的咿咿呀呀，这种"沟通"上的障碍，令很多新手爸妈不知所措。

不过好在，宝宝从来到这个世界开始，就已经掌握了一门属于自己的语言——婴语。可是新手爸妈刚刚"上路"，很多时候根本无法完全读懂婴语："为什么宝宝总是哭个不停呢？""宝宝为什么会眉头紧锁呢？""怎么越哄他哭得越厉害呢？"……而且很多时候，爸爸妈妈甚至还会误解宝宝的一些行为，比如：看到宝宝啃脚丫，会呵斥"脏死了，不要吃"；看到宝宝撕纸，会说"哼，又故意捣乱"；看到宝宝玩弄生殖器，会大为恼火"好羞羞，好丢人"；等等。

不知道宝宝的小脑袋里在想什么，这不禁让爸爸妈妈感到沮丧和茫然失措，难道宝宝的内心世界真的是一座无法探索的迷宫？其实不然，很多爸爸妈妈之所以如此烦恼，是因为没有掌握一定的婴语知识。婴语是宝宝与外界交流的方式与途径，同时也是宝宝表达自己需求和生理状况的一种独特方式。如果爸爸妈妈读懂了婴语这门独特的"语言"，就能走进宝宝的内心世界，一切问题也就迎刃而解了。

本书采用了"4+2"的模式，帮助爸爸妈妈了解婴语这门神奇的"学科"。

所谓"4"指的是宝宝常见的四大婴语：

1. 婴语之表情语言

宝宝是个天生的表情艺术家，他时而笑容满满，时而挤眉弄眼 ，时而嘟嘴卖萌，时而眉头紧锁……如果爸爸妈妈能成功"破译"宝宝的表情"暗语"，就一定能读懂宝宝古灵精怪的小心思。

2. 婴语之声音语言

当宝宝咿咿呀呀不停地"讲话"时，当宝宝发出抑扬顿挫的"哼哼哈兮"时，当宝宝扯开嗓子高分贝尖叫时……这是宝宝在"炫耀"自己学习了新本领——声音语言，爸爸妈妈要用心倾听宝宝的声音语言，因为只有读懂宝宝的话，才能明白宝宝的意思，接收到他的各种信息。

3. 婴语之肢体语言

随着宝宝表情语言和声音语言的丰富，宝宝的肢体动作也开始丰富起来，尤其是手部动作和脚部动作开始灵活起来，宝宝会不时地揪耳朵、动手指，有时还会做踢腿运动，甚至还学会了和爸爸妈妈挥手说再见。当然，细心的爸爸妈妈还能从宝宝的肢体语言中看出宝宝的身体状况。

4. 婴语之行为语言

在养育宝宝的过程中，爸爸妈妈会十分纠结宝宝的一些看起来"古怪"的行为，如吮手指、啃脚丫、撕纸、玩弄生殖器、反复扔东西等。其实，宝宝的这些行为背后都隐藏着深刻的行为心理学原因，爸爸妈妈只要稍加挖掘，就能理解宝宝的诸多怪异行为了。

所谓"2"，其实是"1+1"。第一个"1"指的是首章对"婴语"这一基本概念的讲述，相当于婴语入门；第二个"1"指的是书中的最后一章——策略章，即宝宝的一些常见的糟心问题的讲述及相应的解决方法，如不好好吃奶、不爱洗澡、爱闹觉、爱发脾气等问题的探究及应对策略。

　　除了"4+2"模式，本书中还设置了诸多板块，如"宝贝观察室"和"幸福分享站"，爸爸妈妈既可以通过和宝宝的互动增进彼此之间的相互了解，融洽亲子关系，还能把一些值得分享的感动和趣事分享出来，抑或是学习到一些护理小技巧。

　　最后，希望所有阅读本书的爸爸妈妈都能顺利通过婴语四六级的测试，成为"婴语专家"，陪伴宝宝度过0～1岁这段略显忙乱却又甜蜜温馨的美好时光。

目 录

第五章　怪异行为不纠结，破译宝宝行为背后的心理密码

第六章 糟心问题有妙招，读懂宝宝婴语中的潜在心理和需求

附 录 1岁前宝宝的精选育儿问答

第一章

婴语初体验：懂英语，也要懂点婴语

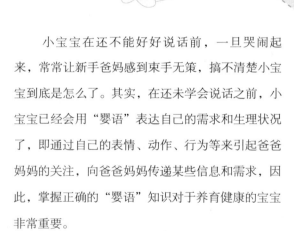

　　小宝宝在还不能好好说话前，一旦哭闹起来，常常让新手爸妈感到束手无策，搞不清楚小宝宝到底是怎么了。其实，在还未学会说话之前，小宝宝已经会用"婴语"表达自己的需求和生理状况了，即通过自己的表情、动作、行为等来引起爸爸妈妈的关注，向爸爸妈妈传递某些信息和需求，因此，掌握正确的"婴语"知识对于养育健康的宝宝非常重要。

胎动又胎动——宝宝到底想说啥

第一次感受到胎动的感觉，不论过去多久，妈妈们都会记得，因为胎动确实让准妈妈更加真切地感受到了身体里一个鲜活的小生命的存在，那种源于生命的感动是很难用言语去描述的，那么宝宝的胎动含有什么奥秘呢？

胎动：神奇的生命运动

当胎宝宝第一次与准妈妈互动，即胎动时，便是他"大闹天宫"的开始，很多准妈妈第一次感受到胎动都会特别地激动，与此同时也充满了疑问和好奇，不明白胎动的确切意义。

胎动，顾名思义就是宝宝在动啦，科学的解释是胎儿在子宫腔内冲击子宫壁的活动，比如宝宝伸伸小手，踢踢小腿，或是伸个懒腰等等都会冲击到子宫壁，这些都会引起胎动。

　　通常初次生育的准妈妈会在18～20周感觉到胎动，而有过生育经历的准妈妈则在16～18周甚至更早一点就可以感觉到胎动，这时的胎动和胃蠕动或肚子饿了的感觉很像——既像是鱼儿在游泳，又像是鱼儿在"咕噜咕噜"地吐泡泡。而进入20周后，特别是在32～34周，准妈妈可以明显感觉到宝宝开始大展身手了，甚至可以看到肚皮上突出的小手小脚；到了35周以后，由于子宫内供宝宝活动的空间越来越小，胎动的频率也会相对减少，宝宝也会变得安静很多。

宝贝观察室

　　准妈妈对胎动的感受和描述各有不同：有的说像是鱼儿在水里游，有的感觉像是小猪拱，有的说像是小青蛙跳。你认为是一种什么样的感觉呢？分享一下你对宝宝胎动的描述吧！

浅析胎动行为背后的秘密

　　在怀孕期间，准妈妈最幸福的事莫过于感受到胎动了，不过很多准妈妈对胎动并不是很了解，仅仅认为是宝宝在肚子里随便乱蹬。其实，胎动并不是调皮的宝宝在随便闹着玩，而是有着深刻的行为心理学意义的。

通常来说，宝宝胎动的原因有很多，比如，宝宝胎动是生理或心理上的需要：锻炼一下正在成长中的肌肉，或是变换一个姿势让自己更快乐地吮吸手指。再比如，胎动可以看作是一种自我保护行为，即宝宝通过胎动来报告身体状况。当然，胎动所要表达的婴语（这里的婴语是从广义来讲的，即胎儿的"语言"）有着丰富的意义，下面是一张宝宝胎动释义表，可以帮助准妈妈读懂胎动的潜台词。

胎动释义表	
胎动潜台词	胎动表现及行为释义
妈妈，妈妈，我很健康呀	当胎动很有规律地持续不断地"嘟嘟嘟"的时候，宝宝很可能是在打嗝，即通过吞咽羊水来锻炼自己的心肺呼吸能力，这说明宝宝的发育很健康哦
哎呀，妈妈您吓到我了	如果准妈妈突然发脾气或是关门力度过大，胎动也会力度很大或是突然来一下，这是宝宝在"控诉"妈妈吓到他了。当出现这种情况时，准妈妈可以轻抚肚皮安抚宝宝
呜呜呜，好疼，妈妈，我受伤了	妈妈的子宫腔是一道天然的屏障，在子宫腔里宝宝有羊水保护，当受到轻微的撞击时可以减轻外力的伤害，但是如果受到强烈的撞击就会引起强烈的胎动，这是宝宝在告诉你他受伤了，要及时去医院做相关检查哦
呼吸好难受，快要呼吸不了了	在怀孕中期，如果胎动突然加剧，但是很快就停止，这可能是胎儿缺氧了，这是宝宝在向妈妈传递危险信号，准妈妈一定要重视，及时到医院做相关检查

　　相信所有准妈妈都对胎动的潜台词有不同的理解，你觉得宝宝想要通过胎动表达什么呢？把你的理解写下来，分享给大家吧！

　　亲爱的宝贝：

婴语——宝宝的专属行为语言

在开篇小节中，也许大家注意到了一个词——婴语。所谓婴语，即婴儿的"语言"。其实，从严格意义或狭义来划分，胎动并不属于婴语的一类。但是纵观诸多研究，我们发现，胎儿、新生儿的行为语言背后同样也藏着心理学奥秘，为此我们从广义角度把胎儿和新生儿的行为语言也归纳到了婴语当中。那么，究竟什么是婴语呢？

简单来说，婴语是婴儿与外界交流的一种方式和途径，同时也是婴儿表达需求和生理情况的一种自我保护的能力。这时的宝宝还不会讲话，只能通过表情、声音、动作等来表达自己的情绪和需求。

当然，婴语是宝宝的专属行为语言，很多时候只有宝宝自己懂，我们只能从他的行为表现上去猜测他的心理，并给予回应。不过，作为宝宝的专属行为语言，一定有着独特的地方，接下来我们从以下两点来阐释，帮助大家对婴语这一概念有一个清晰且较为深刻的认识。

婴语的四大特性

1. 个体差异性

就像是世界上没有完全相同的两片树叶一样，宝宝们也存在着不同程度的个体差异及育养差异，所以相同的表象在不同的宝宝身上可能出现不同的解读，比如宝宝紧张时通常会握紧拳头，这时也许宝宝是害怕某个人或是陌生的环境，也可能是他的小肚子有些不舒服。

同样，宝宝不同的表象也可能是在表达相同的意思，有一个有趣的例子：白人宝宝的皮肤颜色浅，稍微遇到一点疼痛，皮肤就会明显变红，所以在遭遇疼痛时，白人宝宝的表情表达很直接；而亚洲宝宝的皮肤颜色呈小麦色，轻微的泛红很难被觉察到，为此，黄皮肤的宝宝更喜欢用努嘴这一方式表达他们的痛感。

2. 丰富性

婴语作为宝宝的"语言"，其涵盖内容十分丰富，既包括咿呀学语的声音语言，又包括丰富多彩的表情语言、肢体动作语言以及行为语言等等。而且随着宝宝不断地成长，其表达方式也会不断丰富。比如，两个月大的宝宝想要某个东西时通常会用啼哭来表达，而五六个月的宝宝已经学会用抓取来获得他想要的东西。

3. 可塑造性

婴儿是不懂真正的语言的，但是父母可以训练宝宝用婴语进行表达和沟通，例如上下摆动小手代表想要洗澡等。

4. 互动性

婴语不仅仅是宝宝的语言，还是父母必须掌握的沟通工具，为此，在解读婴语的过程中，积极的倾听和回应显得尤为重要，因此婴儿产生的一个婴语表达，父母要给予及时的回应。

宝贝观察室

你感觉到婴语的奇妙了吗？宝宝一本正经地咿咿呀呀，煞有介事地指指点点，回想一下宝宝说婴语时的样子，跟大家交流一下吧！

婴语是一种行为语言

1岁前的宝宝还不能通过真正的语言同大人交流，这时宝宝会通过各种各样的行为来表达自己的需求和情感，比如，通过哭闹得到甘甜的乳汁和亲切的拥抱，通过表情来表达自己的喜怒哀乐和诉求，通过肢体动作表达自己探索世界的欲望，等等。如此看来，婴语是一种行为语言。下面是一位宝妈的亲身体会：

　　宝宝欣有一双漂亮的大眼睛，每当吃奶时她都会认真地看着我。看着她那副深情款款的样子，我都快被她萌化了。快一个月的时候，宝宝欣又有了新花招，想要吃奶时她会一边注视着我，一边发出急促的"呵呵、呵呵"的声音；到了两个多月时，她变得调皮了很多，常常是一边"嗷嗷"地叫着，一边张牙舞爪地撞到我的怀里，那副迫不及待的样子让我不禁想到了"嗷嗷待哺"这个成语。

　　像所有宝宝一样，宝宝欣也喜欢自娱自乐，在宝宝欣两个多月的时候，我发现她总是喜欢把自己的小手举在眼前，然后频繁地往脸上凑，如果碰到眼睛就揉揉，我还以为是她眼睛痒痒，后来有一天偶然发现，宝宝欣把小手放到嘴里吃，这时才恍然大悟，原来宝宝是在探索小手的功能呢，看她一副"吧嗒吧嗒"有节奏的样子，想必是在和我炫耀：妈妈，您看，小手不光能揉眼睛，还能自娱自乐呢。

幸福分享站

相信所有妈妈都有类似的经历和感受，回想一下那些温馨的场景，把你想要对宝宝说的话写在下面。当然，你也可以连同故事一起记录在日记本上，或是写在一张书签上，然后把书签夹在自己常看的书里面。

亲爱的宝贝：

读懂婴语——新手爸妈的必备技能

　　1岁前，宝宝的语言中枢发展不完善，其表达能力有限，即使是一些很简单的事情，譬如喝奶、睡觉等，宝宝也要费尽九牛二虎之力来表达。有趣的是，如果爸妈们注意观察宝宝们的婴语，会发现婴语所表达的意思有时比说话还更为真实，比如宝宝高兴的时候会手舞足蹈，难过的时候就会号啕大哭，这些都很容易解读，可是有些婴语却不容易解读，而听不懂婴语，就不能了解宝宝的需求，这样护理起来势必困难重重。

读懂婴语，宝宝的需求你都知道

　　新手爸妈通常因为搞不懂宝宝需要什么而感到束手无策，当然也有粗心的父母觉得婴儿什么都不懂，按照自己的想法来就可以了，比如宝宝一哭闹就抱着宝宝摇啊摇。其实，宝宝哭闹的原因有很多，如饿了、想睡觉、对环境不适、身体不适等，这就需要我们读懂宝宝的婴语，了解他到底想要表达什么，然后才能根据不同情况给宝宝最贴心的照料。

有关研究表明，婴儿天生就具备思维的能力。在1岁内，婴语是宝宝向父母传递信息的唯一方式。因为存在个体差异，每个宝宝的传递方法不尽相同，为此，父母唯有细心观察，才能从宝宝的一举一动中洞悉婴语的秘密。

宝贝观察室

在照顾宝宝的过程中，你是否有过这样的经历：想当然地认为自己了解宝宝的需要，结果事后才发现自己的理解不完善，甚至完全会错了意。请完善下面的表格内容，并把它分享给其他宝爸宝妈。

宝宝的表现	我的理解	真正的意思
小脸严肃，表情呆板	天生的思考家，性格遗传	体内缺铁
睡觉时摇头	睡眠时间太长，不想睡觉	太热了，挠头解痒；体内缺钙
抓头发	头皮痒痒	头皮发痒，长湿疹，生气了

读懂1岁前宝宝常用的婴语

宝宝的婴语中包含了诸多的信息，包括表情语言、声音语言、肢体语言等，而且这些婴语的背后有着丰富的心理学含义。美国婴儿心理学教授斯克佛在《婴儿面部表情与心理活动》一书中分析了婴儿的面部表情语言，下面我们看看宝宝这些常用的表情语言，你能读懂吗？

0～6个月宝宝常用表情语言一览表		
宝宝表现	表情解密	应对方法
牵嘴而笑	笑容是最美的语言，宝宝通过笑容表达自己愉悦的心情，并期待你的回应	笑脸相迎，用手轻轻地抚摸宝宝的脸颊，或是亲吻一下
嘟嘴、咧嘴	小便信号：通常来说，男婴以嘟嘴来表示，女婴多以咧嘴或上唇紧含下唇来表示	学会观察宝宝的嘴形变化，了解宝宝要小便时的表情，从而摸清婴儿小便的规律
红脸竖眉	大便信号：眉筋突暴，接着脸部发红，目光发呆	应立即让宝宝坐便盆，以解决便急之需
瘪嘴	瘪起小嘴，好像受到委屈，是啼哭的先兆，而实际上是对成人有所要求	要细心观察宝宝的需求，适时地满足需要，比如喂奶、逗乐、换个环境或改变一种姿势
眼神无光	健康宝宝的眼睛明亮有神，如果发现宝宝眼神黯然无光，可能是身体健康出了问题	需要特别细心地注意宝宝的身体情况，发现疑问要及时去医院做相关检查

　　6个月以前，面部表情语言是宝宝最主要的婴语，而在6个月以后，随着感知能力和动作能力的不断发展，宝宝开始用更丰富的方式来表达自己的想法，比如肢体动作、声音语言等。下面是6～12个月宝宝的常用婴语一览表。

6～12个月宝宝常用婴语一览表		
时间段	宝宝表现	行为释义
6个月	张开双臂	要求亲热和抱抱
7～8个月	拍手、点头、摇头	拍手代表高兴，点头、摇头分别代表同意和不同意
9～10个月	用手指或用小手拍拍头	表示要戴帽子带他出去
10～12个月	模仿各种声音，如嘟嘟声、嘎嘎声	以简单的单词来表达自己的意愿

　　注：以上列举的是一些0～1岁宝宝常见的婴语，更丰富、更详细的内容请阅读本书相关章节。

幸福分享站

　　宝宝总以某种奇特而与众不同的方式来向宝爸宝妈传递某些信息。在养育宝宝的过程中，一定有一些让你记忆犹新的画面，让你感觉宝宝是在和你交流。现在请动动手指，拍一张宝宝的照片，并写出自己的感受，在相关育儿论坛或朋友圈里晒一晒吧。

　　我的感受：

运用婴语——适当用"伪婴语"回应宝宝

婴语是宝宝的专属语言，作为父母，我们不光要读懂宝宝的婴语，还要学会积极回应。对于0~1岁的宝宝来说，最好的回应方式是"伪婴语"。

伪婴语：用宝宝的语言和宝宝沟通

不可否认的是孩子就是喜欢孩子的语言，而伪婴语是一门十分接近婴语的语言，宝宝喜欢我们讲话时抑扬顿挫，略带夸张的语气，也喜欢语速轻缓的温言细语。比如，早晨，宝宝睁着一双美丽的大眼睛望着你，嘴里发出声音的时候，这是宝宝在问候你，需要得到你的回应。这时如果你轻轻地回应一句"哦，宝宝也醒啦"，会让宝宝开心得不得了。

使用"伪婴语"交流，一来可以吸引宝宝的注意力，比如宝宝哭闹时，温柔而缓慢的话语就像是一剂疗伤药一样给予宝宝温暖和安慰；二来适当用"伪婴语"还能拉近宝爸宝妈与宝宝的距离，为建立良好的亲子关系打下基础。

宝贝观察室

小福妈妈的日记：

孩子就是喜欢孩子的语言，对此，我之前颇为怀疑，可是最近的一次经历让我改变了想法。前几天，小福刚满百天，我带他去医院检查身体。小福平时酷酷的，不怎么爱搭理人，我很担心小福不配合检查，可是当护士用温柔的"伪婴语"和小福说话时，小家伙的眼睛笑成了一弯月牙，原来小家伙喜欢这样的语言啊！

在父母面前我们是孩子，在孩子面前，我们也时常是孩子，尤其是和还不会说话的宝宝交流时，用接近婴语的"伪婴语"再适合不过了。你认为用"伪婴语"交流有哪些好处？平时你会用"伪婴语"和宝宝交流吗？带着这两个问题，和同龄爸爸妈妈聊一聊吧。

用"伪婴语"交流的基本原则

如何使用"伪婴语"和宝宝交流是宝爸宝妈必学的一门课程，

在运用"伪婴语"时，宝爸宝妈要注意一些原则和细节问题，以下是使用"伪婴语"的五条基本原则：

1. 语速要慢

很多父母在和宝宝说话时不注意自己的语速，想当然地认为反正宝宝听不懂，快慢无所谓。其实，倾听大人的语言是宝宝模仿学习必经的一个过程，过快的语速不利于宝宝的语言能力发展，因此，在和宝宝说话时，父母要尽可能地放慢语速，且声音轻柔，一字一句地表达清楚。

2. 耐心重复

1岁前，宝宝的语言理解能力很差，父母在和宝宝说话时，切忌心浮气躁，而应该有耐心，试着多重复，从而在无形中强化宝宝的记忆，提高宝宝的婴语水平。

3. 句子要简洁

我们不能按照大人的语言思维和模式同宝宝交流，而要尽量用简单的字词或句子，如"灯""电视""水杯""宝宝看那里""吃饭要洗手"等，简洁的话语会突出话语的重点，引起宝宝听的兴趣。

4. 适当夸大口型、夸张语调

如果轻柔的话语实在无法打动宝宝，父母不妨用不同的语调和声音来激发宝宝的兴趣，如夸大的口型和夸张的语调，再配上表现力十足的表情，一定能博取小家伙的眼球，成功吸引他的注意力。

5. 适当来点肢体动作

除了最常见的声音语言外，在和宝宝交流时，如果能加点肢体动作就更完美了。比如，在给宝宝擦脸时，妈妈可以一边擦脸一边对他说："擦擦脸，真干净，香香宝贝人人爱！"类似的话语能让宝宝逐渐体会到动作与语言之间的联系，提升宝宝的语言理解能力。

幸福分享站

很多父母都有这样的体验，在没有孩子之前，全然不相信自己会发出那些童真、稚嫩的声音来，而等到有了孩子才发现，自己不仅不会排斥这种行为，反而会很享受用"伪婴语"交流的感觉。你是怎么用"伪婴语"同宝宝交流的呢？快来和大家探讨一下吧。

我使用的"伪婴语"：

宝宝的回应及表现：

我的心得和体会：

婴语趣事圈：准备好晒晒宝宝的婴语了吗

翻开朋友圈，铺天盖地的广告有之，秀浪漫的情侣有之，晒娃的爸妈亦有之，来看看下面几位爸妈的晒娃记录，并思考一些简单的问题，这些问题不仅会帮助你成为一名晒娃达人，更会加深你对婴语的认识。

晒娃达人1号——骏骏妈妈

晒娃全记录：

下午，骏骏在客厅玩耍，不知他从哪里翻来一个装食用油的瓶子，也许是突发奇想，骏骏骑在瓶子上，舞动着小手，嘴巴"哼啊哼"地叫我看他，我被骏骏的搞怪逗乐了，人们常说人小鬼大，没想到这么一点大的小孩子就懂得搞怪了呢。

朋友圈评论：

你们这样晒娃真的好吗？
骏骏真是可爱！
我家那个也是人小鬼大！
……

问题：骏骏妈妈口中的"哼啊哼"是什么意思？你能读懂自家
宝宝类似的婴语吗？

我的理解：

晒娃达人2号——飞飞爸爸

晒娃全记录：

今天带飞飞去商场，逛到一个礼品店时，飞飞一眼就看中了
一只毛茸茸的玩具熊，于是他嘴巴一鼓一鼓地发出"啊噗、啊噗"
的声音，我很快理解了飞飞的暗语——这是他看到自己喜欢的东西
了，我就把玩具熊拿给了他，飞飞抱着玩具熊，乐得合不拢嘴，还
不停地跟玩具亲嘴呢。

朋友圈评论：

老铁，钱包收好。

这么点大的小屁孩儿就知道自己选玩具啦。

知子莫若父，厉害！

······

问题：飞飞的暗语是什么？你家宝宝遇到喜欢的东西有什么
举动？

我的理解：_____

晒娃达人3号——乐乐妈妈

晒娃全记录：

我一直觉得乐乐很好地遗传了我的音乐细胞，这不，刚刚满4个月，乐乐已经能跟着各种音乐"啊啊"地唱歌了，虽然不知道他唱的是啥，可是好欢乐啊。有时他还会跟着节奏扭屁股、晃脑袋，而且只要是能放音乐的东西都能引起他的兴趣，像是手机、电视、音响，都是他的挚爱。

朋友圈评论：

小小音乐家，好好培养！
厉害了，我们的乐乐！
莫名想到了"速8"中的那个小孩儿！
……

问题：乐乐"啊啊"是在做什么？你理解自己宝宝唱的婴语歌曲吗？

我的理解：_____

晒娃达人4号——爸爸/妈妈

晒娃全记录：

朋友圈评论：

附：全国婴语四六级能力试题

近几年，婴语四六级考试在互联网上逐渐升温，在新手父母朋友圈掀起了一股时尚风潮——婴语学习。通过婴语能力考试，爸爸妈妈可以了解宝宝行为背后的秘密，从而了解宝宝的需求，进而掌握与宝宝沟通的正确方式。下面是一份全国婴语四六级能力测试卷，试题为单选题，每道题10分，满分100分。现在请你拿起手中的笔，来测测自己读懂婴语的能力吧。

1. 宝宝为什么爱吐泡泡?

A. 小金鱼都会吐泡泡嘛

B. 宝宝在自我陶醉

C. 宝宝的液腺分泌功能增强，但吞咽功能尚不完善

2. 宝宝喝奶时，为什么容易吐奶？

A. 奶不甜，宝宝不喜欢吃

B. 宝宝在做游戏，吐着玩

C. 宝宝的胃还没有发育成熟，存不住奶

3. 宝宝总是口水连连，是什么原因？

A. 宝宝饿了，想吃东西

B. 宝宝是个小馋猫

C. 宝宝吞咽功能不健全，不会咽口水

4. 宝宝睡觉时头总是摇来摇去，可能是因为？

A. 宝宝饿了，想吃东西

B. 太热了，宝宝有点不舒服

C. 想和妈妈捉迷藏

5. 宝宝老是抓耳朵，是因为？

A. 宝宝有些紧张

B. 学孙悟空呢

C. 耳朵不舒服

6. 宝宝为什么爱吃手指？

A. 宝宝的手上有蜂蜜

B. 宝宝的牙痒痒

C. 宝宝在探索手的功能，并通过吸吮寻求安全感

7. 宝宝突然目光发呆、眉筋凸暴、小脸憋红，宝宝这是？

A. 生气了

B. 害羞了

C. 要便便了

8. 宝宝一边哭一边把头歪向一边，如果用手去碰宝宝的嘴唇，舌头就会伸出来，这时宝宝想要干吗？

A. 生气了，不想理人

B. 宝宝饿了，想要吃东西

C. 不舒服，想要寻求安慰

9. 在喂乳时宝宝有时会咬着妈妈的乳头不放，是因为？

A. 宝宝在生气

B. 宝宝在长牙

C. 宝宝不知道轻重乱咬人

10. 宝宝扔到地上的东西，给他捡起来，他又会马上扔掉，这是因为？

A. 宝宝在变魔术

B. 喜欢看妈妈捡东西的样子

C. 宝宝对新技能乐在其中

1. C 2. C 3. C 4. B 5. C 6. C 7. C 8. B 9. B 10. C

测试结果解析

1. 0～50分

对婴语缺乏一定的了解，对宝宝的需求不甚了解，有必要进行必要的婴语学习培训。

2. 60～70分

勉强过关，对婴语知识有一些基本的了解，不过对于想要成为育婴达人的你来说，这当然是不够的。

3. 80～90分

表现还不错，懂得基本的婴语知识，宝宝在你的照顾下会更加幸福哦。

4. 100分

表现很棒，可以试着挑战一下婴语"专八"啦！

第二章

表情包也精彩，揭
秘宝宝的专属表情
"暗语"

　　宝宝是个天生的表情艺术家，从出生就具备表达自己喜好和感觉的能力，所以爸爸妈妈会看到宝宝的各种表情包：时而笑容满满，时而挤眉弄眼，时而嘟嘴卖萌，时而眉头紧锁……但是爸爸妈妈知道吗？宝宝丰富的表情背后藏着不少心理秘密呢，现在我们就来揭秘一下宝宝的专属表情"暗语"。

笑容满满——宝宝的智慧和情感在发展

　　微笑是一种本能，是一种表情，也是最富魅力的一种语言。即使爸爸妈妈再苦再累，只要看到宝宝纯真的笑容，心中就被幸福感充满了。对于宝宝来说，这种积极的情绪背后隐藏着重大的意义：笑不仅预示了宝宝快乐的心情，而且也是宝宝与成人交往的重要方式，代表着宝宝的智慧和情感在不断发展。接下来我们认识一下宝宝的各种笑容。

0~1岁宝宝的笑表情发育史

　　宝宝什么时候会笑呢？据了解，90%的新生宝宝在出生后两个月内就已经掌握了这项基本技能，所以如果一位新手妈妈告诉你"我的宝宝刚出生3天就会笑了呢"，这时，你不要惊奇，也不要质疑，因为她确实没看错。而且，颇有意思的是，在笑这方面，男孩表现得更为"慷慨"，他们在出生一年内每天大约会笑50次，而女孩的微笑次数为37次。下面是一张关于0~1岁宝宝的笑表情发育表，观察一下自己的宝宝，你是否注意到宝宝丰富的表情了呢？

时间段	笑表情的不同表现	笑容解读&回应方法
0~1个月	两眼弯弯，嘴角上扬，露出如同天使般迷人的微笑	这时宝宝的笑只是一种无意识的肌肉活动，即这时的笑与宝宝的心情快乐与否无关，所以并不需要怎样积极的回应
1~2个月	因愉快而自然发笑，比如用手轻触吃饱喝足的宝宝时，宝宝会露出满足的笑容	与之前无意识的笑完全不同，这时宝宝开始对令他愉快的事产生回应——微笑，这时爱抚会带给宝宝更多的满足感
2~3个月	可逗笑，比如朝宝宝做一个鬼脸，或是拿一些玩具逗他，他都会用微笑积极回应你	这时宝宝已经开始认人了，尤其对熟悉的人，常常报以具有社会意义的笑脸。这时爸爸妈妈可以多陪宝宝玩耍，适当逗宝宝，但注意不要让宝宝太疲劳
3~6个月	"咯咯"大笑，甚至会用尖叫来表示自己的快乐情绪	笑成为宝宝日常生活中的惯用表情，宝宝会对新鲜、刺激的事物产生兴趣，并用笑来表达自己的情感体验。这时爸爸妈妈不妨和宝宝玩一些新鲜、刺激的游戏，增强他的情绪体验
6~9个月	开始主动以笑示意，即使你不去逗他，他也会主动对你微笑	由被动式的微笑转为主动式的微笑，这时宝宝有了主动与他人分享自己愉快的心情的欲望。因此，当宝宝和你分享自己的心情时，你一定要给他积极的回应
9~12个月	笑容表达的内容更加丰富多彩，如等待喝奶时期盼的笑，得到玩具时开心的笑，等等	由于认知能力和表达能力的逐渐成熟，宝宝已经懂得用笑容和大人交流，用笑容表达情感和需求，这时与宝宝的互动是十分重要的

笑是判断宝宝智慧和情感发展的重要标志。一般来说，新生宝宝在4～6周就会对妈妈微笑，有的会更早一些，而如果宝宝到3个月还不会笑，那么智力方面可能出现了问题。有关医学专家表示，爱笑的孩子大多聪明。因此，爸爸妈妈应该多向宝宝微笑，多与宝宝互动，以激发宝宝智慧的曙光。

下面是逗笑0～1岁宝宝的几种方式，和其他宝爸宝妈交流一下，看看他们在使用哪些方式，你最喜欢哪种方式呢？

方式一：吹泡泡。

方式二：对宝宝做鬼脸。

方式三：对宝宝微笑。

方式四：洗澡时用水花逗宝宝。

方式五：拿玩具逗宝宝。

0～1岁宝宝笑表情大揭秘

你能读懂宝宝笑的含义吗？刚才我们了解了0～1岁宝宝笑表情的发育史，对宝宝的"笑语"有了初步的了解，接下来我们详细解读一下宝宝笑表情的内容，找出宝宝笑容背后的心理学秘密。为了直观地了解宝宝笑容背后的秘密，我们根据0～1岁宝宝常见的笑表情制作了以下表格。

0～1岁宝宝常见笑表情释义表

"笑语"集锦	"笑语"潜台词	"笑语"释义
手舞足蹈地笑	我好幸福/快乐哟	当宝宝感到高兴和满足时，就会发出"咯咯"的笑声，有时还会伴随着手舞足蹈的快活样儿。当宝宝笑到忘我时，爸爸妈妈可以看到宝宝的喉头和光秃秃的牙龈
一笑即收	爸爸妈妈辛苦啦，您还是歇会吧	当怎么逗宝宝都不笑的时候，爸爸妈妈很是失望，这时宝宝抛出一个敷衍的笑容，这是在告诉你他已经困了，不要再为难他了
笑成眯眯眼	哎哟，好酸的橙汁/这个好甜呀/我这里好痛	一般情况下，宝宝不会眯着眼睛笑，如果宝宝笑成了眯眯眼，可能是一些新奇的事物吸引了他，或是嘴里残留的食物的刺激味道，如酸和甜引起的，也有可能是身体某个部位突然疼痛引起的条件反射，爸爸妈妈要善于区分
眼笑嘴不笑、皮笑肉不笑	这些玩具都不要，我想出去玩，出去玩，出去玩	因为一些特殊原因，如刮风下雨等没能带宝宝出去玩，这时即使是拿玩具逗他，他也不是很开心，所以宝宝出现眼笑嘴不笑或皮笑肉不笑等表情，是典型的心不在焉
略带狡猾地笑	爸爸妈妈太笨啦	宝宝也有"占便宜"的小心思呢，当爸爸妈妈笨手笨脚地逗宝宝笑，或是宝宝在游戏中得胜时，他会眉眼弯弯，小眼神贼亮，有时还会发出突袭式的清脆笑声

带娃不易，为了让宝宝露出幸福的笑容，宝爸宝妈可谓是各显神通：给宝贝听音乐、吃辅食，跟宝宝做游戏……下面是最受欢迎的宝贝笑容配方，爸爸妈妈可以根据自己宝宝的情况，选择合理的搭配方式，最后不要忘了把自己的独家配方分享给其他宝爸宝妈哦。

1. 深得宝宝喜欢的歌曲Top5：

Top1：拔萝卜

Top2：贝瓦儿歌

Top3：小兔子乖乖

Top4：莫扎特钢琴曲

Top5：外婆桥

2. 让宝宝停不下来的游戏Top5：

Top1：捂脸躲猫猫

Top2：挠痒痒

Top3：举高高

Top4：骑大马

Top5：照镜子

3. 让宝宝开心的辅食Top5：

Top1：蛋黄

Top2：果蔬泥

Top3：牛肉泥

Top4：苹果燕麦泥

Top5：猪肉泥

宝宝哭吧哭吧不是罪——啼哭是在表达意愿

如果把新生宝宝的每一次啼哭都记录下来的话，你会发现，他们每天大约要哭3个小时。当然，他们不是一次性把哭的时间都用完，那样的话可真成了一个泪人儿了。不过宝宝哭的花招还真是繁多，如果不仔细分辨，很难弄清楚他究竟要表达什么。比如有时哭得抑扬顿挫，小腿乱蹬；有时哭声越来越响，像是rap一样有一定的节奏感；有时却又小声啜泣，像是受伤了一般……宝宝的啼哭花样百出，现在我们就用哭声转换器来解读一下宝宝哭声里的秘密。

生理性啼哭是健康的标志

哭代表着什么？伤心、难过、疼痛……对于婴儿来说，哭有着更丰富的含义，有时宝宝即使心情美丽，也会啼哭，这是宝宝在告诉父母"宝宝很好，宝宝身体很健康"。这种啼哭我们称之为生理性啼哭。

宝宝的生理性啼哭是一种本能的需要，当宝宝放声啼哭时，哭声抑扬顿挫，很是响亮，仿佛是在宣告自己的独特存在。宝宝的生理性啼哭一般持续时间较短，并且除了哭泣外，进食、睡眠、玩耍等都表现正常。

宝宝的生理性啼哭是一种良好的运动，当宝宝啼哭时，常常会伴有双腿乱蹬、双臂屈伸的动作，就像是在做运动一般。爸爸妈妈不要小瞧宝宝的这项运动，它不仅能增大宝宝的肺活量，还能促进新陈代谢，促进神经系统和肢体的发育。

与生理性啼哭相对应的是病理性啼哭，常见的病理性啼哭有以下几种：

（1）口疮而哭：哭声绵绵、口角流涎、不肯吃奶。

（2）伤食而哭：口有乳酸味、腹部膨胀、拒不吃奶。

（3）发烧而哭：面色潮红、口渴欲饮、哭时无泪。

（4）呼吸道感染而哭：常伴有咳嗽、鼻塞流涕。

（5）惊骇而哭：哭时少泪，哭声一阵高于一阵，头欲藏母亲怀里或被子里。

（6）破伤风而哭：多见于出生后一周左右的婴儿，欲哭不出，面有苦笑。

（7）佝偻病而哭：睡眠少且不安稳，好哭闹，烦躁多汗、夜惊、夜啼。

（8）先天性心脏病而哭：平时一般情况尚好，总在哭闹、活动时出现气急、气喘、面色和口唇青紫等。

读懂宝宝的需求性啼哭

很多新手爸妈不懂得宝宝哭声背后隐藏的意义，想当然地把宝宝的哭泣理解为不开心、饿了。于是，每当宝宝哭时，宝爸宝妈又是抱又是哄，结果十八般武艺用完了，宝宝还是不停地哭泣。其实，除了生理性啼哭和特殊的病理性啼哭外，宝爸宝妈还要读懂宝宝的需求性啼哭，这样才能对症下药，做出恰当的回应。下面是宝宝哭泣时常用的婴语解读，能帮助宝爸宝妈了解宝宝哭泣的原因，并给予一些简单的护理建议。

1. 我饿了，快开饭吧

哭泣模式：低音调，有节奏，一般是先急促地哭上一小会儿，接着停顿一下，然后再接着小声地哭，整个过程就像是在说"饿——饿——"一样。

婴语分析：在宝宝出生的3周内，大部分情况下，哭泣是由饥饿引起的，而且这种哭泣是宝爸宝妈最为熟悉的声音。

贴心护理：判断出宝宝饿了，就要抱起宝宝，给宝宝喂奶了。在喂奶时需要注意的是，不要让宝宝一边哭一边吃，且喂奶要及时，不要刻板遵守和我们一样的饮食规律。

2. 好难受，快给我换换尿布吧

哭泣模式：哭声缓慢，显得烦躁，而且宝宝常常会扭动自己的小屁股。

婴语分析：当宝宝尿湿后，因为感觉到不舒服，宝宝会在第一时间向你表达臀部的异物感，如哭泣并扭动自己的小屁股，这是在催促你赶紧给他换尿布呢。

贴心护理：当发现宝宝表情难受时，要及时打开尿布看看，并要及时给宝宝换干爽的尿布。

3. 好困呀，不想拍照，我要睡觉

哭泣模式：哭声强烈，像是花腔一样带着颤抖和跳跃。

婴语分析：婴儿期的宝宝对睡眠的要求非常高，如果因为周围的环境或是其他因素打扰了他的睡眠，他就会以哭泣来表达自己的需求和不满。

贴心护理：尽快让周围安静下来，接着把宝宝抱到床上，拍拍他，让他尽快入睡。

4. 抱着我嘛，我要抱抱

哭泣模式：哭得很热闹，但是只要一抱起来就立刻停止哭泣。

婴语分析：在宝宝还没出生前，宝宝已经在一个温暖狭小的空间里生活了长达9个多月的时间，而现在突然要面对陌生的环境，宝宝表示很害怕，很需要爸爸妈妈给予的温暖，需要肌肤与肌肤的贴近，通常宝宝会通过哭泣来表达这种需求。

贴心护理：当遇到这种情况时，爸爸妈妈不要吝啬自己温暖的怀抱，多抱宝宝一会儿，给他安抚。

5. 太热、太冷啦，我很不舒服

哭泣模式：感觉到热时哭声会很大，并伴有不安的神情，同时脖子上会有汗；感到冷时虽然哭泣的声音不大，但也低沉而有节奏，小手小脚也有些凉。

婴语分析：新生儿喜欢暖暖的感觉，这种感觉最初来源于对妈妈子宫的感觉。到了外面的世界后，四季的交替会造成温度变化，

当温度过高或是过低时，都容易让宝宝因不舒服而哭泣。

贴心护理：当宝宝热时应及时减少被子、衣物，或将宝宝放到凉爽的地方；当宝宝冷时则反之。只要悉心照料，宝宝很快会安静下来。

6. 好痛！我受伤了

哭泣模式：剧烈大声地哭喊，尖声哭闹，听着撕心裂肺。

婴语分析：当宝宝身体不舒服或是受到伤害时，会本能地发出尖叫声，并哭泣。

贴心护理：这时爸爸妈妈要及时检查宝宝的身体，看看是否有东西卡住了他的腿或脚，是否有灰尘迷住了他的眼睛，等等。

幸福分享站

宝宝哭闹怎么办？很多新手爸妈在育儿的过程中都会遇到这样的难题，除了上面所讲的应对方法外，我们总结了一些通用的方法，这些方法也许能帮助爸爸妈妈止住宝宝的哭闹，让宝宝安静下来。当然，你也可以把自己的想法写下来，与其他宝爸宝妈分享。

方法一：摇啊摇，摇到外婆桥

这种方法最常见，大多数宝宝都喜欢被轻轻地摇晃。如果宝宝哭得厉害，你一时又找不到原因，不妨把宝宝抱起来，边走边晃，或是抱着宝宝坐在摇椅上轻轻摇晃。

方法二：爱他就摸摸他

宝宝哭闹的原因有很多，有时会因为在喝奶时吸入了太多空气，导致肚子不舒服，这时爸爸妈妈要及时给宝宝做个按摩，轻轻地抚摸或是轻拍宝宝的后背及肚子，宝宝会很享受这种被抚摸的感觉。如果是因为肠绞痛，揉揉肚子也能让宝宝平静下来。

方法三：转移注意力法

很多时候，对于宝宝的哭闹我们无从下手，那么不妨试着转移宝宝的注意力，比如让宝宝听听有节奏的声音，如家里的吸尘器、吹风机发出的声音，都能不同程度地安抚正在哭闹的宝宝。再比如，用一些新奇的玩具逗引宝宝，或是假装不理他，与旁边的人交流，并用一些夸张的动作或声音引起他的注意。

我的方法：

漂亮的眼睛会说话——那些藏在宝宝眼睛里的信息

德国著名心理学家梅赛因曾说："眼睛是了解一个孩子的最好的工具。"0~1岁正是宝宝视觉发育的重要时期，在这段时期，宝宝眼中的世界逐渐由简单的黑白二色转变为五彩斑斓，不仅如此，眼睛还作为一种表达多种意义的器官传达着宝宝的小心思，现在我们就来探究一下宝宝眼睛里的秘密吧。

宝宝眼睛里的秘密只告诉你

在你的眼里，宝宝永远是那么漂亮、可爱，可是你想过没有，在宝宝的眼里，你是什么样子呢？他周围的世界又是什么样子呢？如果想要了解宝宝眼睛里的秘密，还是让我们来问问宝宝，看看他都看见了什么吧！

1. 0～3个月：唉，眼前一片朦胧，雾里看花

本以为从妈妈温暖的肚子里出来会看到精彩的世界，可是实际上是一片朦胧，我只能模模糊糊地看见许多不知道是什么东西的轮廓，一块块的，一团团的，而且我的眼睛也很难聚焦，太远、太近或者太快的东西，我都看不清，仅仅能看清距我眼前20～30厘米范围内的东西。最让我伤心的是，我的世界几乎是一片黑白，据说是因为负责接收色彩信息的锥状结构还没开始正常工作，这也就是为什么我更喜欢看大人们的额头而不是眼睛，因为额头和头发之间的黑白分明，让我觉得更舒服。

2. 4～6个月：原来外面的世界是五颜六色的！

现在我才体会到外面世界的精彩，之前那么模糊的、一团团的东西也都清晰明了了，虽然我还不知道它们叫什么名字，不过那些红的、黄的、蓝的，还有说不出来名字的颜色，真是太好看了，我都看不过来啦。而且我眼前的世界更加立体了，什么高的、矮的、圆的、方的，真是太精彩啦。

3. 7～12个月：不断发现新技能，简直太炫酷

我最近学到了一个新技能——坐，这时我才发现，原来躺着和坐起来看到的世界又是不一样的，视力范围从左右发展到了上下，对于这突如其来的变化，我急忙调整我的眼睛啊。后来，我又有了一个新发现，我具备了判断距离的能力，还可以用眼睛判断爸爸妈妈的长相，追踪突然消失的东西，这简直太炫酷了！

宝贝观察室

宝宝主要的视觉进化之旅在1岁左右已经完成，在这期间，为了促进宝宝的视觉发育，宝爸宝妈的工作也不轻松，为此，我们聊一聊促进宝宝视觉发育的方法。下面是一张根据宝宝不同视觉发展时期制定的促进宝宝视觉发育的表格。

宝宝视觉发育时期	促进视觉发育的方法
0～3个月	在宝宝眼前20～30厘米处放一些具有黑白对比色的玩具或是图片之类的物品，以刺激其视力发育
4～6个月	需要颜色更加丰富、对比更加强烈的物品，如可以将形状比较有特色、色彩鲜艳的东西作为玩具
7～12个月	随着宝宝爬行、坐立等技能的不断增长，宝爸宝妈可以和宝宝玩一些物品追踪游戏、寻找物品游戏等，这都能促进宝宝的视觉快速发展

从眼神了解宝宝的内心世界

眼睛是心灵的窗户，而眼神则是开启宝宝内心世界的钥匙。为什么这么说呢？因为这时的宝宝不具备基本的语言表达能力，而眼睛是宝宝直面这个世界，与爸爸妈妈沟通的重要工具，因此，眼神自然也就成了宝宝表达心声的重要手段。那么，宝宝不同的眼神究竟在表达什么信息呢？我们来看一下：

1. 看到我期待的眼神了吗？快来抱抱我呀

地毯上散乱着各式各样的积木块，宝宝拿起一块，放下，又拿起另一块，这时妈妈下班回来了，小家伙马上放下手里的积木，张开双手，欣喜地看着妈妈。

宝宝对亲近的人有着特别的依恋，在短暂分开后，当宝宝再次见到熟悉的人时，会用欣喜、期待的眼神来寻求拥抱。当然，其他情况，诸如宝宝在见到奶瓶、好吃的食物、新奇的玩具等时都会露出欣喜、期待的眼神，这时爸爸妈妈要做的就是尽量满足宝宝的需求。

2. 你要干什么，不许动我的东西

快要睡觉了，妈妈想要把宝宝的床铺收拾一下。妈妈刚拿起一

个小熊玩具，就看到宝宝眼睛瞪得大大的，皱起眉头，有点愤怒地注视着妈妈，妈妈赶紧把玩具放下了……

宝宝心爱的东西被拿走，即使那个人是他亲近的人，宝宝也会生气呢，他会用犀利、霸气的眼神告诉你不能动他的东西。当然，除了这种情况，当宝宝甜美的梦乡被吵醒，玩游戏被打扰，奶瓶突然被拿走时，也会露出这种带有警告意味的眼神。

3. 天哪，这是什么？太神奇了

爸爸买回来一个新玩具，宝宝瞪着好奇的大眼睛，不眨眼也不转头，似乎在琢磨："天啊，这个是什么？简直太神奇了，我还没看懂呢……"

每个人都有好奇心，宝宝也不例外，而且宝宝的好奇心表现得更为直接。通常当宝宝对某个物品感到好奇时会把眼睛瞪得大大的，紧紧注视着某物，发出好奇的目光，大一点的宝宝还会把头转向身边的人，似乎在询问。

4. 这个叔叔/阿姨是谁？我害怕

今天家里来了客人，是一个不认识的阿姨，阿姨看到妈妈怀里可爱的宝宝，早就忍不住想抱抱了，可是当妈妈把宝宝交到阿姨手中时，宝宝突然挣扎起来，紧紧地抓着妈妈的衣服，眼神闪烁不定。

当宝宝到了陌生的环境或是见到陌生人时，会产生本能的紧张反应。如果这时观察宝宝的双眼，你会发现宝宝的眼神闪烁不定，同时有一丝求救的意味在里面。这时如果把宝宝强行递交给陌生人，宝宝自然会紧张得挣扎并大哭。

5. 哎呀呀，眼睛好不舒服

今天早上起来，妈妈发现宝宝一直在揉眼睛，而且眼睛红红的，还有黄白色的分泌物，妈妈急忙带宝宝去看医生，结果医生说宝宝得了红眼病。这么小的宝宝也会得眼病吗？

宝宝眼睛里藏着健康的秘密，健康宝宝的眼神总是明亮有神的，而患病的宝宝则总是眼神黯淡、目光呆滞，并伴有一些其他现象，比如：当宝宝眼睛进入异物时会频繁眨眼，用手揉；有角膜炎、先天性青光眼等疾病，宝宝会害怕光，不愿意睁开眼睛；得了流行性感冒、风疹、结膜炎、泪囊炎等疾病，宝宝会爱流眼泪，眼屎多；等等。

幸福分享站 ┄┄┄┄┄┄┄┄┄┄┄┄┄┄┄┄┄┄┄┄┄┄┄┄┄┄┄┄

　　其实，宝宝眼神表达的意义远不止上面讲到的那些，爸爸妈妈在与宝宝相处的过程中一定记录过宝宝一些精彩的瞬间，比如手舞足蹈、萌萌的样子、发呆的表情等，现在请爸爸妈妈翻阅一下手机或相机、相册，找到那些精彩的大头照，试着猜测一下宝宝眼神里的信息，爸爸妈妈可以一起来猜，或是和家里的其他亲戚一起来玩这个游戏。

　　爸爸的看法：┄┄┄┄┄┄┄┄┄┄┄┄┄┄┄┄┄┄┄┄┄┄┄┄┄┄

　　妈妈的看法：┄┄┄┄┄┄┄┄┄┄┄┄┄┄┄┄┄┄┄┄┄┄┄┄┄┄

　　其他人的看法：┄┄┄┄┄┄┄┄┄┄┄┄┄┄┄┄┄┄┄┄┄┄┄┄

噘嘴、嘟嘴、撇嘴、瘪嘴——宝宝嘴巴的秘密真不少

当宝宝嘟嘟嘴时，你忍俊不禁，想要亲宝宝一口？别急，也许宝宝并不是在和你撒娇卖萌，而是在对你说："爸爸/妈妈……我，我……想尿尿……"如果你这时选择去亲他，而忽略了宝宝的真正需要，那么很可能等你回过神来的时候，等待你的将会是换尿布！其实，诸如此类的关于宝宝嘴巴的秘密还真不少，下面我们就来了解一下吧。

玩弄嘴巴：宝宝的自娱自乐

星星妈妈的日记：

最近三四天，无意中发现宝宝很爱噘着嘴巴。起初我还以为他

不高兴，后来才发现，这只不过是小家伙的游戏罢了，我对他说："宝宝，这样好丑哦，不要把嘴巴噘起来。"不过宝宝才不管，还是噘着嘴巴玩个不停。最让我头疼的是，给他喂食时，他偶尔会把嘴噘起来，比如给他喂米粉，米粉经常会残留在嘴巴上，我怕他不小心把米粉吸进鼻孔里，所以每次都是喂一小口，并且每喂一口都要把他的嘴唇旁擦干净。如果动作慢了，他就开始噘呀吸呀，唉，家有一宝，是真难伺候呀。

除了吃饭睡觉，宝宝总是显得很忙碌，那么宝宝在忙什么呢？当然是忙着和自己玩耍了。通常宝宝在吃饱喝足或是空闲时都会给自己找点乐子，比如玩弄自己的嘴唇，吐吐泡泡、噘嘴唇、嘟嘴等等，当宝宝徜徉在玩耍的氛围当中时，爸爸妈妈最好不要打扰他。

当然，有些事情需要宝宝自己去体验，有些事情还是需要爸爸妈妈看护操心的，譬如星星妈妈在日记中提到的内容。

很多爸爸妈妈会发现，宝宝在大一点的时候喜欢把东西往嘴里塞，比如玩具、食物，只要是能塞进嘴里的东西，宝宝都要去探索一番。你的宝宝有往嘴里塞东西的奇怪行为吗？你会阻止宝宝还是会看着他认真地玩耍，给予他完全的自由呢？现在请和另一半一起讨论一下，哪种方式更合理。

我的想法：_____

另一半的想法：_____

民主的决定：_____

浅析宝宝嘴巴动作里的秘密

其实，宝宝的自娱自乐有时还隐藏着更深层次的心理活动，譬如噘嘴、嘟嘴、撇嘴、瘪嘴，这些看似相近的行为却表示着宝宝不同的心理活动。下面我们就来看看宝宝小小嘴巴下暗藏的心事。

1. 噘嘴：宝宝的心事真难猜

看到宝宝噘嘴，你的第一反应可能是这个小家伙简直太萌了，可是你想过吗，宝宝噘嘴不仅仅是一种自娱自乐，还隐藏着不少心理秘密呢。比如，宝宝生气的时候会把嘴巴噘得老高；当宝宝对爸爸妈妈的话茫然不知所措时会不经意地噘起嘴巴；当宝宝的心意没有得到满足时，他会用噘嘴表示自己的不满；等等。

2. 嘟嘴：不是卖萌那么简单

我们看到宝宝嘟嘴很萌，可是你知道吗？除了卖萌外，宝宝嘟嘴还在释放一种生理信号——小便。有研究表明，当小宝宝突然安静下来，嘟着嘴或是咧着嘴时，多半是要小便了，而且通常男宝宝会用嘟嘴来表示，女宝宝则用咧嘴或是"咬牙切齿"来表达这种需求。然而很多时候，爸爸妈妈看到宝宝嘟起小嘴，欣赏着宝宝的可爱表情，却不知道宝宝的身子下面已经是"黄河入海流"了。因此，在关注宝宝表情的时候，爸爸妈妈一定要多一丝考虑。

3. 撇嘴：宝宝在表达自己的不爽

小宝宝也是有脾气的，小宝宝在玩耍的过程中突然撇起嘴来，就可能是在表达自己的不爽了：可能是宝宝饿了，想吃奶了；可能是尿裤子了或者是拉臭臭了；也可能是宝宝太寂寞了，没人陪他玩儿。总之，如果爸爸妈妈不能及时发现宝宝的不爽，等到他不乐意时，他很快就会火山爆发——用哭声表达对你的不满，所以为了避免宝宝哭闹，当宝宝撇嘴时你千万要留意。

4. 瘪嘴：宝宝开始敏感起来

一般来说，在7个月以后，宝宝的敏感系数会普遍提升，即使是爸爸妈妈的表情稍有不对，或是语气稍微强硬一点，宝宝都能感知到，并会瘪起嘴吧表示自己的难过之情。

那么，宝宝为什么会瘪嘴呢？很有可能是爸爸妈妈的言行所致，比如：当着宝宝的面抱着别人家的孩子，宝宝当然会吃醋；宝宝正玩着的玩具突然被拿走，宝宝自然会不高兴；爸爸妈妈对宝宝发出严肃、激烈的喝令，宝宝感到莫名的压力和恐惧，因而会瘪嘴伤心哭泣。除此之外，宝宝瘪嘴还可能是对实物的恐惧，比如，宝宝不肯乖乖听话，哭个不停，有些爸爸妈妈情急之下会拿出尖叫的玩具火鸡来吓唬宝宝："不好好吃饭，火鸡就来抓你了。"宝宝可能听不懂，但是会被玩具吓到。

幸福分享站

宝宝小小的嘴巴动作中隐含的心理秘密真不少，不过一下子理解并记忆还真是困难，现在我们来做一个连线小游戏，加深一下自己的理解和记忆。然后你可以遮住左边的连线，在右边的方框里把这几个词隐藏的心理学意义写下来，检测一下自己是否已经掌握了。当然，你也可以把这几个词摘录到手机上，考一考其他的宝爸宝妈哦。

噘嘴	想要小便	噘嘴：
撇嘴	高兴、表示不满	撇嘴：
嘟嘴	吃醋、害怕、伤心	嘟嘴：
瘪嘴	饿了、要拉臭臭、寂寞	瘪嘴：

眉头紧锁是咋回事？打开宝宝皱眉的语言之锁

　　一些细心的爸爸妈妈会发现，宝宝喜欢皱眉：玩游戏时皱眉，拍照时皱眉，睡觉时皱眉……宝宝这么喜欢皱眉是不是有什么问题呢？宝宝的皱眉表情下藏着怎样的心理活动呢？下面我们带着这两个问题，对宝宝的皱眉语言进行解读。

宝宝为什么喜欢皱眉头

来自茵茵妈妈的烦恼：

　　茵茵自从出生以后就喜欢皱眉头，现在都5个月了，她还是经常眉头紧锁，不知道有什么烦心事，还是有哪里不舒服。我听说怀孕的时候心情不好就会导致宝宝总皱眉头，是这样吗？

在一些育儿问答中，我们经常会看到类似茵茵妈妈的疑问。有些妈妈觉得是自己在怀孕的时候心情不好，所以肚子里的宝宝就学会了；也有的爸爸妈妈认为是自己有皱眉头的毛病，遗传给了宝宝。那么究竟为什么有些宝宝喜欢皱眉头呢？这是一种正常现象吗？

由于宝宝的神经系统发育得不完善，且尚未建立起完善的面部表情，皱眉是很正常的，再加上每一个宝宝独特的面部特征，看似宝宝眉头紧锁有什么心事，其实这仅仅是一种面部特征罢了。随着宝宝月龄的增加，这种情况会逐渐改善的。因此，只要宝宝精神状态好，饮食、生长发育正常，爸爸妈妈就不必担心。

宝贝观察室

有些爸爸妈妈发现，宝宝在睡觉的时候有时也会皱眉头，你知道是什么原因吗？

其实，宝宝睡觉时皱眉的原因有很多，比如：如果看到宝宝在睡眠中皱眉，同时还伴有咧嘴笑、扁嘴、抽泣等表情，这是宝宝在做梦；如果宝宝翻来覆去地很难睡着，即使睡着了也一直皱着眉头，很可能是宝宝睡前玩得太累，或是受到了刺激。

当然，宝宝在睡眠中出现皱眉头、微笑等表情，也可能只是肌肉抽搐，是无意识的动作，爸爸妈妈也不必过度紧张，如果宝宝不舒服，他会用大声哭泣等方式来提醒你的。

宝宝皱眉是在表达情绪

通常宝宝在7个月后会学会揉眼、抓头皮等动作，这时的皱眉也不再是无意识的皱眉动作那么简单，宝宝紧锁的眉毛下也藏着不少情绪呢，下面我们来看看宝宝皱眉想要表达的情绪语言吧。

1. **嗯，拉臭臭好费劲，要用力呀**

细心的爸爸妈妈一定会发现，宝宝在拉臭臭的时候，会紧皱眉头，有时上嘴唇紧含着下唇，眼睛时不时地看向爸妈，偶尔还发出"嗯"的声音，好像是在说："嗯，拉臭臭好费劲，要用力呀。"

2. **不要离开我，我要你们陪在我身边**

宝宝可爱，但也有调皮、难伺候的时候，有些爸爸妈妈会跟宝宝开类似这样的玩笑："你再调皮，妈妈不要你了！""我走了啊，再也不理你了！""今天你太不乖了，我走了！"虽然宝宝可能不能完全理解爸爸妈妈说的话，可是宝宝会感知到话语里带的语气，体会到将要被抛弃的感觉，在这种情况下宝宝往往会皱起眉头，甚至号啕大哭起来。

3. **这个好难喝呀，不信你们试试**

通常在宝宝4个月以后，单纯的母乳喂养已经渐渐满足不了宝宝的营养需要了，这时爸爸妈妈会给宝宝添加辅食，如米粉、果蔬，有些爸爸妈妈还会喂宝宝新鲜的水果汁，可是鲜榨的果汁一般都带有浓郁的味道，如果水果不够成熟，酸味会很重，宝宝当然会皱起眉头了，仿佛在说："这个好难喝呀，不信你们试试？"

　　有的爸爸妈妈觉得宝宝皱起眉来有点丑丑的，有的却觉得宝宝皱眉的样子很可爱，你家宝宝皱起眉来是什么样子的？你能猜测出宝宝在想什么吗？以下是亲子论坛中一些颇为有趣的回答，看看大家是怎么理解宝宝皱眉的，然后在下面的方框中贴上宝宝皱眉的照片，并说说你对宝宝此刻心声的理解。

叮当妈咪：宝宝可能在想妈妈什么时候抱他呢。

琳儿妈妈：我家也是忧郁的小王子哈。

可馨妈妈：宝宝在思考问题呢，不要打扰他。

宝宝此刻的心声：

附：应对宝宝哭闹的"T.O.DO"策略&应急策略

对于不会说话的宝宝来说，哭是最初的语言，研究调查显示，刚出生的宝宝每天要哭2～3个小时。宝宝哭闹的原因有很多，比如为了得到温暖的拥抱，也可能是因为饿了、尿布湿了或是受到了惊吓。随着宝宝逐渐长大，面对新奇且充满未知的世界，宝宝渴望得到爸爸妈妈的呵护，同样也会用哭声来表达。

当宝宝哭闹起来时，最头疼的莫过于爸爸妈妈了，面对宝宝高分贝且昏天暗地的啼哭，很多爸爸妈妈感到束手无策。下面是应对宝宝哭闹的两种策略，仅供大家参考。

"T.O.DO"策略

一般情况下，当宝宝哭闹时，我们可以使用"T.O.DO"策略：所谓"T"，就是和宝宝说话，即用轻柔的声音安抚宝宝，并向宝宝传递"你对我们很重要，你哭了我们很紧张"的信息；"O"是观察，即看一下宝宝是否有吃手指、吮吸等动作，或其他一些具有需求性意义的指令；"DO"是行动，一般情况下可以慢慢地将宝宝的两只小手叠放在一起，交叉贴在胸前，这样会使宝宝停止哭闹。如果宝宝还继续哭，爸爸妈妈可以根据宝宝的具体需求做出回应，如把宝宝抱在怀里，或是喂奶、换尿布等等。

当然，在这个过程中，一些长辈很可能会用他们的经验告诫我们：不要宝宝一哭就抱，不然会惯坏的。其实，这种所谓的"哭了不抱，不哭才抱"的哭声免疫法并没有科学依据，而且从另一方面来讲，这时宝宝的哭闹多是生理性的、需求性的、病理性的，和幼儿调皮的哭闹不一样，因此爸爸妈妈应该满足宝宝的诸多需求。

应急策略

如果无论怎么哄，宝宝依然哭闹不止，这时爸爸妈妈可以采取以下应急策略：

（1）顺时针慢慢轻揉宝宝的腹部，或者用热毛巾敷一敷宝宝的腹部。

（2）肌肤抚慰能增加亲情安全感，譬如给宝宝喂奶，有助于提升宝宝的安全感，这是最容易让宝宝恢复平静的办法。

（3）保持宝宝趴着的姿势轻轻摇晃。为什么要保持这么奇怪的姿势呢？原来宝宝还未出生前，在妈妈的子宫里通常是头朝下的，平时妈妈活动时，宝宝也会跟着轻轻摇晃，宝宝很喜欢这种感觉，因此当宝宝不知什么原因哭闹时，你可以将宝宝面朝下放在你的腿上轻轻摇晃，这样也能起到一定的镇静效果。

（4）换个环境换个人。很多爸爸妈妈都有这样的体会：什么方法都用过了，宝宝就是哭闹不止，而换个环境或是换个人，宝宝却能呼呼大睡。所以，实在没办法时索性给宝宝换个环境，或是把宝宝交给爷爷奶奶试一试吧。

第三章

咿呀学语新阶段，
附耳倾听宝宝的呢
喃儿语

　　对于爸爸妈妈来说，宝宝的每一次成长都十分奇妙。当宝宝咿咿呀呀不停地"讲话"，发出如帕瓦罗蒂般的尖叫，抑或是抑扬顿挫地"哼哼哈兮"时，爸爸妈妈都迫不及待地想知道宝宝究竟在说什么。其实只要爸爸妈妈静下心来，附在宝宝嘴边用心倾听，就能领会宝宝声音语言的秘密。

细究那些潜藏在儿语里的秘密

当宝宝长到12个月左右时会发出第一个有特定意义的词语，而在此之前，宝宝的声带只用来哭和发出"咿咿呀呀"的声音。当宝宝啼哭的时候，只要爸爸妈妈足够细心，就能分辨出宝宝的啼哭是因为疼痛还是因为饥饿，但是面对宝宝的"咿咿呀呀"，几乎很少有人能理解他到底在说什么。那么宝宝"咿咿呀呀"是否是一种独特的婴语表达呢？如果是的话，其表达的意义又是什么呢？下面我们就来探秘一下宝宝们独特的婴语表达。

咿呀是宝宝独特的婴语表达

德国的一位心理学家曾做了一项研究：研究人员选取了25名婴儿，然后把他们哭泣和咿呀的声音录制下来进行分析，声音录制共分6次，分别是刚出生、出生后3～5天、3个月、6个月、9个月和12个月。

　　通过科学性的分析，研究者发现哭泣和咿呀声有着很多的不同，在不同的情况下及不同的时间段，哭泣时的音调大不相同，比如，饥饿时的哭泣一般在中间的时候最尖锐，因疼痛产生的啼哭在一开始时最尖锐。而所有的咿呀声则差不多，且与言语的韵律非常相似……最后，研究人员得出结论：婴儿用同样的发声器官支配着两种不同的沟通系统，一种是哭泣，另一种是咿呀声，也就是说，婴儿不仅会通过哭声来表达自己的情绪，还会通过咿呀声来表达自己的感受。

　　为此，我们可以看出，咿呀是宝宝独特的婴语表达。其实，爸爸妈妈如果回想一下与宝宝互动的过程就不难发现，宝宝的咿呀不只是无意义、无意识的声音，而是有着具体的含义的。

宝贝观察室

以下是某育儿论坛的一则帖子：

我家宝宝三个多月了，我们每天跟他说话的时候他都会"咿咿呀呀"的，虽然听不懂他在说什么，不过这个时候是不是应该多跟宝宝沟通呀？

薄荷阿姨：是啊，宝宝要通过模仿大人的口型和声音来得到求知欲的满足，宝宝喜欢聊天是好事，多满足宝宝吧。

诺力爸爸：科学研究证明即使婴儿不会说话，不了解语言，但是，父母所说的话或者孩子周围的语言会不断灌输到婴儿的头脑里，对婴儿的脑细胞产生深刻的影响。所以父母一定要多和孩子说话，给孩子制造良好的语言环境、听的刺激……

……

你的态度是怎样的呢？当宝宝咿咿呀呀和你说话时，你有积极地回应吗？就这两个问题谈谈你的看法吧。

我的看法：

探究宝宝儿语里的秘密

宝宝"咿咿呀呀"到底是在说什么呢？下面是一张宝宝通用语释义表，爸爸妈妈可以通过婴语转换，大致了解一下咿呀儿语代表的意义。

宝宝通用语释义		
发音	近似音	表达的意思
ao	嗷嗷	累了，疲惫了
ne	呢	饿了
enen	嗯呢	尿湿了
ena	嗯啊	不舒服，不要
han	汉	要大便
yi	咿	要打嗝
yier	咿尔	着凉了
hehe	呵呵	吃饱很开心
biya	比呀	口渴了

注：此表中皆为通用语的主要释义。

当然，即使我们严格对照上面表格中的内容逐条翻译，也很难精确把握宝宝儿语里的信息，因为很多声音语言看似很相近，但表达的意思可能不一样，而且有些儿语只有放在具体的场景中才能表现出特定的意义。现在我们不妨来设置一些具体的场景，去推测宝宝"咿咿呀呀"所表达的意思。

场景一：宝宝喝牛奶把嘴角弄得脏脏的，妈妈拿毛巾去擦，顺便给宝宝擦擦脸，却受到了宝宝的抵制，宝宝实在不喜欢擦脸，"啊——啊——啊"地叫了起来。

声音语言：啊——啊——啊——

表达意思：不要，我不要！

场景二：妈妈买回一只卡通气球，宝宝爱不释手，伸着小手发出急促的"啊啊"的声音。

声音语言：啊！啊！啊啊啊！

表达意思：我想玩儿，快给我！

场景三：妈妈买回一种新口味的果蔬，宝宝陶醉于新鲜的味道，抱着瓶子不撒手。

声音语言：唔……嗯嗯……

表达意思：真好喝！

场景四：妈妈推着宝宝到外面散步，宝宝看到小朋友们在玩耍，伸着手，"啊呜，啊呜"地叫了起来。

声音语言：啊——呜呜——

表达意思：我要玩儿，放开我嘛！

场景五：窗台上有一只漂亮的小花猫，小花猫"喵喵"地叫着，宝宝开心地摆动着手，发出一阵欢快的声音。

声音语言：嘿，嘿嘿！

表达意思：快看，这里有一只小花猫！

　　不知道你发现没有，如果把宝宝的声音录下来仔细听，那是一段比任何音乐都美妙的歌曲，试想一下，在多年以后再拿出来听一下，那又是怎样的感动。现在请打开手里的录音设备，把宝宝的咿呀学语声记录下来，保存在手机、U盘或是放到云盘里，然后每隔一段时间拿出来听一听，你会发现，抓住幸福就是这么简单。

宝宝也有帕瓦罗蒂的天赋：高分贝尖叫

嘟嘟囔囔的咕咕声、咿咿呀呀的学语声、兴奋大笑的咯咯声，宝宝的每一种声音听起来都是那么好听和完美，但是突然有一天，一阵高分贝的尖叫声响彻整个屋子，那不是啼哭，是真正的尖叫，那么宝宝为什么尖叫呢？宝宝的尖叫是在表达特殊的需求，还是仅仅为了新鲜、好玩儿？下面我们来解开宝宝尖叫的秘密。

尖叫是语言表达的一种方式

对于不会说话的宝宝来说，突然发现自己能发出高亢的声音，还能变换各种音调，这是一件多么新鲜、多么自豪的事，更有趣的是，只要他吼上几嗓子，准能引来爸爸妈妈的注意。于是，不管有事没事，宝宝都会扯开嗓子吼几声，如果叫声成功引起了大家的注意，下一次，他的叫声会更加高亢，且持续时间会更长。

尖叫看似是宝宝玩耍的一种方式，其实小家伙是在锻炼自己的语言能力呢，从沉默到尖叫，再到说话，这是宝宝语言能力发展的一个必经过程，这阶段的尖叫正是语言表达的一种方式，也属于婴语的一种。

宝贝观察室

虽然有帕瓦罗蒂的高音，但是刺耳的尖叫还是会引得邻居不满，惹得爸爸妈妈心烦。其实宝宝尖叫并非一无是处，宝宝越善于尖叫，表明宝宝的体魄越好，而且持续几十秒的叫声还能锻炼宝宝的肺活量，完善宝宝的发音系统。

通常宝宝在锻炼自己的"歌喉"时，你是怎么做的呢？是粗暴地阻止宝宝不要尖叫，还是会合理地控制呢？结合自己的经验，和其他爸爸妈妈讨论一下，哪种方式更为恰当吧。

宝宝尖叫的类型及应对措施

尖叫是最接近宝宝说话的一种声音，自然也有音调高低之分，且不同的尖叫方式所表达的意思也不一样。下面是宝宝尖叫的常见类型及应对措施。

1. 兴奋地尖叫

奇奇十分喜欢举高高的游戏，之前每次玩举高高他都会笑个不停，现在玩得高兴更是直接兴奋地尖叫起来！

玩一个有趣的游戏、发现一个新奇的玩具、看到熟悉的人……宝宝的快乐很简单，即使是一些简单的事物也能让宝宝兴奋不已，尖叫起来，这是宝宝表达兴奋情绪的一种方式，而正确地表达自己的情绪，是每个孩子走向社会化的重要一步，只要不影响他人，爸爸妈妈应该准许宝宝的行为。

2. 寂寞地尖叫

有时候妈妈忙家务，顾不得陪乐乐玩耍，就拿一些玩具，让乐乐自己玩会儿，可是过不了多久，乐乐会突然尖叫一下，等妈妈跑过去的时候，正看到乐乐嘟着嘴巴，伸着双手，要求抱抱。

当宝宝被大人忽略的时候，他会因为缺少关注而发出尖叫声，这是在抗议你对他的忽视。宝宝需要大人的关心、爱抚和陪伴，所以当宝宝发出尖叫声的时候，你首先要想一想自己是否给了孩子足够的关注。

3. 反抗地尖叫

蚊子"嗡嗡嗡"，杉杉的小手上被叮了一个包，杉杉动了动手，蚊子飞走了，可是不一会儿又"嗡嗡嗡"地飞回来了，疲惫的妈妈只顾自己睡觉，杉杉只好尖叫了起来，以示对蚊子的抗议，更是对妈妈的抗议。

别看宝宝还小，他也有自己的情绪呢，如果粗心的爸爸妈妈因为忘了给宝宝换尿布，或是忘了给宝宝添辅食，又或是做了其他让宝宝不开心的事，宝宝都会通过尖叫来进行反抗。当宝宝产生反抗情绪的时候，你不要着急，也不要发火，而要试着转移一下宝宝的注意力，缓和宝宝的情绪，再者爸爸妈妈也应该细心起来。

4. 其他原因的尖叫

星星现在刚学会爬，妈妈怕他到处乱爬伤到自己，于是每当星星快要爬出妈妈设置的边界时，妈妈就会把他抓回来，但是来来回回，妈妈觉得麻烦，又怕自己不能时时盯着他，所以直接把星星放到了婴儿车里，这下星星可不干了，立马尖叫起来。

随着宝宝逐渐地成长，情绪体验能力的增强，尖叫的原因也越来越多，比如，宝宝会因为怕黑不敢一个人睡觉而尖叫，因为被束缚得不到自由而尖叫，因为觉得好玩去模仿其他宝宝而尖叫，等等。这个时候，爸爸妈妈要留意观察宝宝的尖叫行为，及时做出正确的引导，或者重新思考一下自己的教育方式。

幸福分享站

你观察过宝宝尖叫的方式吗？下面请根据自己的经验，给宝宝的刺耳度评级（用五角星来表示，最低为一级，最高为五级），并试着猜测宝宝想要表达的意思。

注：此表格一式两份，爸爸填一份，妈妈填一份，最后相互分享一下，看看你们的哪些答案最为相近。

宝宝尖叫意义大猜测（爸爸填写）		
宝宝的尖叫方式	刺耳度 （用五角星表示）	表达的意思
音调一致，且大约每三秒爆发一次		
音调不高但狠劲足，同时伴有握拳、踩脚等动作		
音调变化多端，一会儿长鸣，一会儿低沉，一会儿快一会儿慢		
音调偏高，但不怎么刺耳，很有节奏，像是在打招呼		
声音像是从喉头里挤压出来一般，像是在低吼		

宝宝尖叫意义大猜测（妈妈填写）		
宝宝的尖叫方式	刺耳度 （用五角星表示）	表达的意思
音调一致，且大约每三秒爆发一次		
音调不高但狠劲足，同时伴有握拳、跺脚等动作		
音调变化多端，一会儿长鸣，一会儿低沉，一会儿快一会儿慢		
音调偏高，但不怎么刺耳，很有节奏，像是在打招呼		
声音像是从喉头里挤压出来一般，像是在低吼		

抑扬顿挫有节奏——揭开宝宝音调里的秘密

当宝宝发现能通过控制自己的喉咙、舌头和嘴巴发出各种各样的音调时，他会兴奋不已。他会尝试着用这一新技能来挑战各种事情，比如，他会用持续高八度的尖叫表示自己强烈的欲望，用低八度的吼叫表示自己的烦躁，用蜂鸣般的"嗡嗡嗡"表示想要睡觉但是又不困……总之，我们现在能知道的关于宝宝音调的秘密可真不少，现在我们就来揭开宝宝音调秘密的神秘面纱。

宝宝钟情于自己的声音

细心的爸爸妈妈会发现，到3个月的时候，宝宝的舌头会越来越灵活，这时聆听和啼哭已经不能满足宝宝了，他更喜欢用舌头和牙齿制造出不同的声音，发出抑扬顿挫的音调，其实这是宝宝钟情于自己声音的表现。

当宝宝4个月大时，他就能拼凑出各种类似说话的声音来，有时还会夹杂一些将来不会在他的母语中出现的发音与音调。

到七八个月大时，宝宝的兴趣会从单纯地玩耍自己的声音转而模仿来自外界的声音，比如模仿动物的叫声或玩具所发出的声音，这时的宝宝会不时发出一些单个的音节，比如深喉音（例如"ku"和"gu"）及元音（例如"o"和"u"）。当然，宝宝最喜欢模仿的还是爸爸妈妈的语言，虽然这些模仿可能还很不成功，但是我们依然能从音节、音调中听出一些熟悉的"味道"。

当宝宝接近1岁时，宝宝的听觉机能更完善，嘴、颚、舌头的动作也更灵活，呼吸、发声器官也更成熟，这时宝宝发出的音节更准确，音调也趋于多样化，像是在杂耍一般。虽然这时宝宝的语言

还是很难读懂，但是爸爸妈妈可以在宝宝抑扬顿挫的音调中进行亲子间的对话和情感交流。

总的看来，对于宝宝来说，发音更像是一种游戏，弄出各种各样的声音和音调像是在展示本领一般，会带给宝宝娱乐感和自豪感。

宝贝观察室

有关研究表明，人的语言天赋与婴儿时期的啼哭声调是息息相关的，宝宝啼哭的音调越是变化多端，越是丰富，那么他学会说话的时间也就越早，而那些在出生后啼哭声调单一的宝宝，学习语言的难度可能会大些。你有注意到宝宝的啼哭音调吗？如果没有，试着去倾听一下，然后推测一下宝宝的语言学习天赋。

从音调里读懂宝宝的情绪表达

当宝宝学会自控性发音后，哭声会明显减少，这时宝宝能够在放松的状态下发音，如果宝宝熟练地掌握了这一技能，他就会通过不同的节奏、频率和长短的叫声来表达情绪。比如，宝宝在快乐和生气时的语调都是很干脆的，高兴的时候会发出大声的"啊——"，生气时发出大声的"呜——"。相反，如果宝宝因为饥饿或是其他事情感到心烦气躁，那么他会把音调绕得百转千回，好像在和妈妈打持久战一样。由此我们可以得知，宝宝音调里的秘密还真不少呢。接下来，我们通过一张表格来具体了解一下宝宝音调里的情绪表达。

宝宝发出的声音	所表达的情绪
持续的高八度尖叫	想要
低八度的吼叫	烦躁不安
像是小蚊子一样"嗡嗡嗡"	闹觉
每次叫声小而短暂，但总体持续时间长	发烧了，或是身体不舒服
频率高、音量低、音调低	着急

当然，每个宝宝都是一个独立的个体，有着自己独特的个性，也许同样一种情绪，不同宝宝的表达方式不尽相同，以上对宝宝音调的解析只能代表大多数宝宝在大多情况下的表现，所以，为了更好地揣摩宝宝的心思，爸爸妈妈要根据自家宝宝的情况付出更多耐心。

幸福分享站

宝宝是天生的模仿家，爸爸妈妈的任何言语都是宝宝模仿的对象。如果爸爸妈妈想要训练宝宝的发音，平时与宝宝说话时要放慢语速，吐字清晰，语调轻柔。

积极交流和回应——打开与宝宝交流的大门

宝宝长到两个月，当你给他喂饭、换尿布或是洗澡时，为他唱唱歌或哼哼曲调，他会很享受这种感觉，并发出幼嫩可人的声音，而如果你也"咕咕咕"地回应他，他就会明白声音可以使别人有反应——这就是语言的力量。那么当宝宝发出呢喃之声时，你是否积极回应宝宝了呢？怎样才能打开交流的大门，与宝宝畅快交流呢？下面我们带着这两个问题来进行探讨。

不可忽视宝宝的交流需求

场景一：午后温暖的阳光洒过落地窗，落在宝宝的婴儿车里。宝宝从睡梦中醒来，他睁开双眼，却没有发现妈妈的身影，宝宝不会说话，可是他要寻找妈妈，于是宝宝"咿咿呀呀"地呼喊妈妈。

妈妈急忙放下手里的家务赶了过来，"宝贝，妈妈在呢。"听到妈妈温暖的声音，宝宝露出两个小酒窝，等看到妈妈熟悉的脸庞后，宝宝舞动着双手双腿，似乎是在欢迎妈妈，妈妈把宝宝抱了起来，宝宝开心极了，"咯咯"地笑了起来。

　　场景二：一个温暖的下午，宝宝从睡梦中醒来，"嗯呀嗯呀"地想要寻找妈妈，可是妈妈正忙着拖地，没有听到宝宝的呼喊。宝宝有点失望，他提高音调继续呼喊，妈妈继续忙着手里的家务，没有回应宝宝。宝宝开始焦急起来，并用带着哭腔的声音呼喊妈妈，可是依旧没有得到回应，宝宝生气了、失望了、愤怒了，开始声嘶力竭地啼哭，小脸红红的……就这样，几次哭闹都没得到妈妈的及时回应，宝宝变得安静了，不爱哭了，因为他觉得即使自己哭也得不到妈妈的回应。

　　当宝宝呼唤你的时候，你会及时回应宝宝吗？其实，在现实生活中，我们很难做到及时地回应和交流，我们时常被各种各样的琐事困扰，困扰爸爸的可能是工作上的事，困扰妈妈的可能是家务劳动，但是我们并不能因此而忽略了宝宝的交流需求。

　　澳大利亚育儿学者史蒂夫·比达尔夫认为，婴儿期的宝宝是通过"咿呀"作声与人交流的，并且宝宝会通过这个过程来确认养育者对他的爱。如果宝宝能得到养育者及时的回应，那么这样的宝宝在将来的成长过程中也能更好地察觉他人的情感并与人产生共情，也就是说，如果爸爸妈妈能及时回应宝宝，以积极的姿态跟宝宝交流，附和他们的"咿咿呀呀"，那么宝宝会容易体会他人的情感，将来容易成为善解人意的孩子；但如果养育者忽视宝宝的交流需求，没有及时做出回应，甚至在宝宝暴怒啼哭时也置之不理，那么宝宝可能会因为受到忽视而影响其以后的性格形成，使宝宝变得缺乏同理心、自私冷漠。

所以爸爸妈妈不可忽视宝宝的交流需求，而要安排好照顾宝宝的精力和时间，及时和宝宝交流互动，及时回应宝宝，这样养大的孩子性格才会平静而快乐。

宝贝观察室

回顾上面的场景，如果宝宝"哼哼哈兮"地想和你交流，而恰巧你手里又有事情要做，这时你会怎么选择呢？试着和家人讨论一下吧。

选择一：放下手里的活儿，先去和宝宝亲昵一番。

选择二：一边忙手里的工作，一边回应宝宝。

选择三：让宝宝自娱自乐，先忙完手里的工作再说。

积极与宝宝交流，回应宝宝

宝宝一边拿着一个毛绒玩具一边舞动着小手对着妈妈"咿咿呀呀"。

妈妈满脸笑容地对宝宝点了点头说："你是在告诉妈妈你很喜欢这个玩具吧？"

宝宝"咯咯"地笑了起来，露出一个灿烂的笑容。

爸爸在一旁看得惊奇不已，情不自禁地问："你能听懂宝宝在说什么？"

"那当然。"妈妈骄傲地点点头。

作为爸爸妈妈的你们有过类似的感受和经历吗？即使不知道宝

宝"咿咿呀呀"在说啥,但是能懂得宝宝的意思,能与宝宝畅快地交流。其实想做到和宝宝无障碍交流并不难,下面是不同阶段与宝宝交流的一些方法。

1. 0~3个月:用最亲切的方式回应和交流

从宝宝出生的第一天开始,爸爸妈妈就应该和宝宝交流起来了,这时可以多说一些亲切、好听的话,比如,"这是谁呀,是宝宝呀,宝宝真棒!"也可以多给宝宝唱一些歌,让宝宝体会到听声音是一种享受。到3个月时,爸爸妈妈可以模仿宝宝的声音,与宝宝开启奇妙的对话之旅。

2. 4~6个月:发掘与宝宝对话的兴趣

这阶段的宝宝渐渐对发声产生兴趣,这时爸爸妈妈的任务是调动宝宝说话的积极性,让宝宝对亲子交流产生更浓厚的兴趣。比如,爸爸妈妈可以经常对宝宝重复他发的音,或者学他发的一串音中的最后一个,例如他说"哦",你就学他说"哦哦哦哦";针对宝宝的兴趣,发出各种有趣的声音,以此吸引宝宝;使用简短的句子,语调要抑扬顿挫,语速要慢。

3. 7~9个月:开启新的对话模式

前几个月与宝宝交流一直以父母说话为主,到这一阶段,应该开启新的对话模式,即给宝宝留出足够的时间,让宝宝表达自己。这时的宝宝非常喜欢简单的互动性语言游戏,如"拍拍手""藏猫猫"等，爸爸妈妈要给自己和宝宝留出充分的游戏互动时间。

4. 10～12个月：语言交流进化模式

这一阶段，爸爸妈妈可以重复之前做过的游戏，不过在做游戏时可以假装犯错或是变换一下规则；可以继续重复宝宝发出的音节，帮助他理解嘴唇和舌头的运动与发音之间的联系；也可以继续发出各种有趣的声音，帮助宝宝享受交流的过程；或者大量使用肢体语言，如模仿宝宝的肢体动作；等等。

幸福分享站

每天与宝宝对话30分钟，可以提高宝宝的语言能力，在这30分钟内，你和宝宝尽量处在一个安静的环境里，尽可能地排除外界的一切干扰，如电视、手机、广播等等。

附一：0~1岁宝宝语言能力对照表

　　宝宝从妈妈肚子里一出来就会哭，这是他送给爸爸妈妈的第一个礼物，在随后的时间里，宝宝各个方面会有很快的成长，那么爸爸妈妈知道婴儿期宝宝的语言发育规律吗？下面是一张0~1岁宝宝语言能力对照表，爸爸妈妈可以根据表里的成长指标判断宝宝语言能力的发展状况，并配合训练方案提高宝宝的语言能力。

0~1岁宝宝语言能力对照表		
月龄	成长指标	训练方案
1个月	自然反射发音，能发出细小的喉音	用夸张的嘴型对宝宝说话
2个月	能发出a、o、e等元音	逗引宝宝，让他模仿大人口型发a、o、e等音

月龄	成长指标	训练方案
3个月	能发长元音，应答成人语音	逗引宝宝与大人对话，模仿宝宝的咿呀学语
4个月	对自己的声音感兴趣，可发出一些单音节，咿呀作语的声调变长	养成与宝宝交谈的习惯，宝宝发音时积极回应
5个月	语音越来越丰富，开始发g、h等音，且会听音转头	反复教给宝宝一些词语，并让宝宝去模仿
6个月	理解个别词，如看灯	教宝宝看图片或认物
7个月	会招手表示"再见"	和宝宝练习挥手
8个月	会模仿咳嗽等声音	让孩子听流水、门铃等声音
9个月	会表达要或不要	教宝宝用点头、摇头表示要和不要
10个月	会叫爸爸或妈妈	每天睡前给宝宝读一个简短的故事
11个月	能说出个别字	宝宝常用个别字词代表句子，帮宝宝说出完整的句子
12个月	听懂常见名词和动词	常给宝宝唱儿歌，和宝宝一起咿咿呀呀唱

注：以上表格中成长指标内容因宝宝个体差异略有不同，爸爸妈妈要根据宝宝自身的生长发育状况采取相应的训练方法。

附二：快速判断宝宝是否想和你互动

当宝宝想要和人互动时，会本能地使用一些特殊的行为或声音去表达，这些行为或声音可以帮助我们正确分辨宝宝是否想和我们互动交流。现在我们假设宝宝想要积极互动，不想消极交流。

当积极互动时，宝宝会有如下表现：

- 眼睛明亮有神，和大人有眼神交流。

- 呼吸规律平稳。

- 表情放松，咿咿呀呀。

- 手掌张开且松弛，身子舒缓。

- 试图触碰或品尝他们感兴趣的东西。

- 激动时，踢动双腿或欢快地蠕动等。

如果宝宝有以上表现，爸爸妈妈可以放下手里的活儿，全身心和宝宝互动起来。

当宝宝有如下表现时，则为消极交流：

· 闭上眼睛，紧闭双唇。

· 将脸或身体转向别处。

· 皱眉，打哈欠，眼神呆滞或漂浮。

· 呼吸加快，身体肌肉紧张。

· 稍大的宝宝可能会将双手举起并遮挡面部等。

· 因得不到休息而大声哭泣。

当宝宝对互动交流表现出消极态度时，爸爸妈妈应该停止与宝宝的互动，同时减少环境的刺激，如噪音、灯光、玩具等，让宝宝得到足够的休息。

第四章

小小动作藏心事，
了解宝宝肢体语言
的秘密

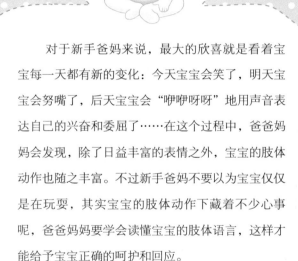

　　对于新手爸妈来说，最大的欣喜就是看着宝宝每一天都有新的变化：今天宝宝会笑了，明天宝宝会努嘴了，后天宝宝会"咿咿呀呀"地用声音表达自己的兴奋和委屈了……在这个过程中，爸爸妈妈会发现，除了日益丰富的表情之外，宝宝的肢体动作也随之丰富。不过新手爸妈不要以为宝宝仅仅是在玩耍，其实宝宝的肢体动作下藏着不少心事呢，爸爸妈妈要学会读懂宝宝的肢体语言，这样才能给予宝宝正确的呵护和回应。

宝宝频频揪耳——小小动作隐藏大风险

在养育宝宝的过程中，有些细心的爸爸妈妈会发现，宝宝有时会用自己的小手不停地揪自己的耳朵，往往把耳朵揪得通红，爸爸妈妈不免有这样的担忧：宝宝是生病了吗？当然，有些爸爸妈妈觉得这没什么，只是宝宝的一种习惯性动作罢了。事实真的是这样吗？到底宝宝揪耳朵这一小小动作里藏着什么信息呢？现在我们来解读一下。

宝宝揪耳原因多

宝宝耳朵不舒服了，大一点的宝宝可能会告诉爸爸妈妈"耳朵胀痛、嗡嗡作响"，但对于小宝宝来说，他们无法用言语向父母表达这一感受，只能通过揪耳朵来表达，总的来说，宝宝爱揪自己的耳朵，可能有以下几个方面的原因：

1. 对身体好奇

宝宝都喜欢手舞足蹈，耳朵是比较容易碰到的部位。某一天，宝宝忽然发现自己的身体还有这样一个有趣的"玩具"，不免去玩耍一番，特别是在玩得开心的时候，常常去揪自己的小耳朵，对于这种在健康状态下揪耳朵的现象，可以看作是宝宝的一种娱乐方式，爸爸妈妈不必过于担心。

2. 都是小小乳牙惹的祸

宁宁最近很喜欢用手揪自己的耳朵，妈妈以为是什么东西进了宁宁耳朵，拿手电筒照也没发现问题，最后妈妈带宁宁到医院检查，医生检查后发现，宁宁的耳部完全正常，只不过因为要开始萌牙了，牙龈有些红肿，嘴角还有口水流了出来。医生解释说："宁宁喜欢用手揪耳朵可能跟萌牙时牙龈肿痛有关，这种肿痛从牙龈传到了耳朵，让宁宁感到不舒服了，所以她才用手去揪。"

宝宝在长牙时，乳牙的萌出会刺激牙龈神经和周围的组织，导致流出很多口水，这会让宝宝感到不舒服，而当这种不舒服的感觉从牙龈传到耳部时，宝宝就会不停地揉搓自己的耳朵。如果确定宝宝揪耳朵是因为长牙时的不舒服引起的，可以为宝宝准备一些干净的磨牙胶，这样可以缓解他们萌牙时牙龈的不适感。

3. 外耳湿疹是病因

妈妈发现刚满百天的顺顺总是摇头晃脑，还喜欢用手去揪耳朵，就连睡觉的时候也不踏实。有一次，妈妈发现顺顺的耳朵里竟然流出水来，赶紧带顺顺到医院检查，原来顺顺是得了外耳道湿疹。

外耳湿疹是耳郭、外耳道及周围皮肤的浅表性炎症反应，如果湿疹发生在外耳道内，则为外耳道湿疹。一些宝宝属于过敏体质，对乳类或鱼虾中的异性蛋白过敏，一旦食用这些过敏源，便会引起变态反应而出现外耳湿疹。当得了外耳湿疹时，宝宝会感到外耳皮肤瘙痒、烦躁，继而出现摇头晃脑、拽拉耳朵的现象，如果发现宝宝有这样的现象，爸爸妈妈要及时带宝宝到医院检查。

4. 耳部感染

在引起宝宝揪耳朵的原因中，爸爸妈妈最需要警惕的是耳部感染，如中耳炎。如果急性中耳炎不及时治疗，可能会造成宝宝耳膜穿孔、听力损失，再严重一点会出现渐进性听力损失，引发脑脓肿、脑膜炎等，甚至会危及生命。

5. 耳朵进异物

宝宝一般天性好动，在玩耍的时候，有时会不小心把一些小东西塞进耳朵，从而引起耳部不适，继而出现揪耳朵的现象。当宝宝有异物入耳时，爸爸妈妈切不可自行乱掏，要及时到医院耳鼻喉科进行处理。

6. 耵聍堵塞耳道

宝宝的耳道有自洁功能，但有些宝宝的分泌物（耵聍）可能偏多，一旦堵塞耳道便会引起耳部不适，宝宝就会用抓耳朵的方式来缓解自己的不适。遇到这种情况该怎么办呢？这里不建议给宝宝掏耳朵，因为宝宝皮肤稚嫩，爸爸妈妈很可能会伤到宝宝。如果宝宝耳部分泌物过多，爸爸妈妈可以用软棉签清理耳道外部，或揉一揉耳郭帮助耵聍排出即可。

宝贝观察室

宝宝的耳道短且平，很容易感染耳部疾病，如果发现宝宝频繁地摸耳朵、揉耳朵，且常常伴有鼻塞、哭闹等现象，爸爸妈妈一定要注意，这很可能是因为宝宝耳部受到了感染。

当然，揉耳朵只是耳朵感染的一种常见迹象，而且揉耳朵还有着更丰富的含义，比如有的宝宝用揉耳朵来代表特定的信号，诸如吃饭、睡觉等。因此，爸爸妈妈要善于观察宝宝揉耳朵这一动作，善于分辨宝宝揉耳朵代表的具体含义究竟是什么。

那么，你能猜出下面图片中宝宝揪耳朵的具体含义吗？试着和家人一起猜一猜。

宝宝的耳部护理需重视

很多宝宝都有揪耳朵的习惯，如果护理不好，很容易感染，那么爸爸妈妈该如何做好宝宝的耳部护理工作呢？

1. 卫生工作一定要做好

要及时防治感冒，因为很多中耳炎都是由感冒引起的；帮宝宝擦鼻涕时要温和一点，不要用力过猛，否则也容易导致宝宝耳部感染。

2. 注意哺乳时的姿势

把宝宝抱起来，半坐着哺乳，尽量避免躺着喂奶，以免奶液进入耳道。

3. 调整睡姿为仰卧或侧卧，避免不良睡姿

仰卧和侧卧可以增加宝宝睡觉时的吞咽动作，从而促进中耳部位黏液的排流，降低病菌存留的机会，同时降低感染的风险。

4. 给宝宝洗澡、洗头时要注意，不要让水流进宝宝的耳道内

如果不小心，水流入了宝宝的耳朵里，可以把宝宝的头偏向该侧，然后小心地牵动耳郭，让水流出，或用松软的棉球及时清理宝宝的耳道，把水吸出来。

幸福分享站

诸多科学研究表明，香烟烟雾是导致0～6岁儿童患分泌性中耳炎的重要原因。据了解，美国每年大约有100万儿童患中耳炎，其中80%儿童的照护者有吸烟的习惯。德国一家医疗机构对900名儿童的检查结果也表明，相对于不吸烟的家庭，吸烟家庭中儿童中耳炎的患病率更高。所以，为使宝宝的听觉功能免受损害，宝宝的照护者最好不要吸烟，至少不应在宝宝经常活动的区域内吸烟。

那么为了提醒广大宝爸宝妈，现在请你设计一条不要吸烟的标语作为提醒，你会写什么？试着发挥一下吧。

标语内容：

宝宝可爱手语——手势动作里的秘密

宝宝出生后，肢体语言是一种生动而有效的沟通方式，慢慢地，随着肢体动作能力，尤其是上肢、双手和手指灵活度的增强，宝宝慢慢学会了抓、握和指点，并且他会熟练运用这些技能表达自己的意愿，比如：他会用食指尖指向他想要的东西；开始挥动双手，表示和大人说拜拜；等等。

这些简单的手势动作无须解释，爸爸妈妈完全可以凭借直觉了解其中的含义，但是并不是所有的手势语言都直观明了，比如，当宝宝轻轻地握拳时，你知道他在表达什么意思吗？宝宝的手势语言十分丰富，每个手势里都藏着宝宝小小的想法，下面我们就来探究一下宝宝手势语言的秘密。

宝宝手语动作知多少

刚出生不久的宝宝虽然不会说话，但是已经会用手指来表达自己的需求了，爸爸妈妈只要仔细观察，就能看出宝宝的状态以及表达的需求。

1. 张开小手向前伸展

表达意思：我要玩玩！

婴语解密：当宝宝带着愉快的心情醒来后，通常会把小手张开、手指向前伸展，这表示他想要玩耍了，同时也是他邀请身边的人和自己一起玩的一种表现，这时爸爸妈妈要积极地回应宝宝哦。

2. 指头弯弯似放松

表达的意思：我累了！

婴语解读：如果发现宝宝不再东张西望，手臂松软地耷拉下来，手指弯弯的，说明宝宝已经累了，想睡觉了。

3. 小手紧紧地握拳

表达意思：疼疼，怕怕/嗯哼，要用力。

婴语解读：宝宝小手紧紧地握成拳头状，表达着不同的意思。出生时期，握拳是宝宝寻找安全感的表现；当宝宝长大一点后，遇到害怕的东西或者在陌生的环境会握拳；而如果是在拉臭臭或是嘘嘘时，宝宝也会握拳，主要是为了用力。

4. 小手捏着松松的拳头

表达意思：我正在做梦哪。

婴语解读：当宝宝在睡眠中正在做梦时，眼球在眼皮下轻轻地转动，小手轻轻地捏着松松的拳头，这是在告诉你他正在做梦哪，不要去打扰他。

5. 手指轻触嘴巴

表达意思：饿了、渴了。

婴语解读：当宝宝感到饥饿或口渴时，会用手指轻轻地触摸嘴唇，这是向你发信号，告诉你他想吃饭、想喝水了。

宝贝观察室

宇宇妈妈：

我家宝宝的手语特别多，刚开始的时候，我真不太明白宝宝是要表达什么，慢慢地我才发现，原来这是属于他的一种语言。比如，他想要什么东西了就向那样东西伸过手去，如果够不到还不满意地"啊啊"喊两声；有时想要抱抱了，就会把小手递过来；有时还会用手把脸捂住，这是宝宝害羞了呢。

你有认真观察过宝宝的手势动作吗？如果没有，请从现在起留意一下宝宝的手势动作；如果有，请将宝宝的手势动作写在一张纸上。

做宝宝的手语学习教练

宝宝在4个月大的时候已经可以理解爸爸妈妈对他们做的手势，但是宝宝要到7～9个月大的时候，才可以通过手势给父母反馈，如果想尽快与宝宝互动起来，方便和宝宝沟通，可以教宝宝学习手语，即婴儿手语，以此加快宝宝学习语言的速度。

通常来说，6个月左右是宝宝学习手语的最好时期。一方面，这时爸爸妈妈已经能很娴熟地处理宝宝的事情；另一方面，宝宝的协调能力、理解能力和记忆力等都已经有了长足的发展。那么，具体该怎么教宝宝学习手语呢？

其实很简单。首先，爸爸妈妈要多给宝宝制造一些学习手语的机会，比如要教宝宝"兔子"这个手语，爸爸妈妈可以专门买小兔子玩具，或是家里养一只小兔子，抑或是从动物画册里面去找；其次，要从简单的手势开始，如指、举、握拳等基本动作，然后再慢慢地教宝宝欢迎、再见、索要等常见手势；最后，当宝宝做了某个手势时，他会感到欢喜，这时你不要忘了给宝宝鼓励。

下面是一张0～1岁宝宝应掌握的手语表，爸爸妈妈不妨试着教宝宝练习一下。

手语表达的意思	具体动作
害怕	一遍遍轻轻拍胸口
热	把手伸出去，然后很快缩回来
安静	食指放嘴巴上，发出"嘘"的声音
换尿布	轻拍臀部
洗澡	双手摩擦身体
打电话	做出"六"的手势，然后放在耳边不动
睡觉	双手合十放在头部左侧，然后将头靠向手掌，做出睡觉的样子
看书	用两只手掌做出翻开、合上书本的动作
兔子	伸出两只手指放在头顶
看月亮	平伸手臂指向天空，然后反复晃动手腕
戴帽子	食指弯曲轻轻敲一下头

注：其中一些较难的动作可以拆分开来进行。

幸福分享站

　　通过手语游戏，和宝宝互动起来，不仅可以增进彼此的了解，还能制造出让双方都能理解的手语。下面分享给大家一则手语小游戏。

　　游戏名：晚安宝贝

　　手语操作：用食指靠近但不接触嘴唇，发出"嘘"的音调，代表"安静"；双手合十，让头靠近手掌，表示"睡觉"。

玩法：1．把宝宝抱到床上，妈妈坐在床边，看着宝宝。

2．妈妈通过手语表示"安静"的意思，把宝宝的注意力引到自己的动作上。

3．妈妈通过手语和宝贝说"应该闭眼睡觉了"，然后温柔地吻一下宝贝，轻柔地说："宝贝，晚安！"

宝宝蹬腿、踢腿——腿上也有真功夫

　　新手爸妈总是不知道如何处理宝宝的各种动作语言，比如对于宝宝蹬腿、踢腿的现象，往往不知所措，甚至，有些父母还以为宝宝得了多动症。那么宝宝为什么喜欢蹬腿、踢腿呢？难道这里面还有心理学意义吗？下面我们就来欣赏并解读一下宝宝的腿上功夫。

频繁蹬腿：享受运动带来的快乐

　　在养育宝宝的过程中，爸爸妈妈会发现，刚满月的宝宝就能把床板蹬得"咚咚"响，等到再大一点，躺在婴儿车里的时候，宝宝仍然会用脚后跟一直敲击着踏板，就连睡觉的时候也不闲着，踢踢被子、蹬蹬腿……有些爸爸妈妈不禁担心了，宝宝这么喜欢蹬腿，是有多动症吗？

其实，从呱呱坠地开始，宝宝的小脚丫就没有闲过，还记得早在妈妈肚子里的时候，宝宝就学会了"拳打脚踢"，而当宝宝出生后，还想像在妈妈子宫里一样游泳呢，所以宝宝喜欢蹬腿是正常现象，是宝宝在享受运动带来的快乐呢，这时爸爸妈妈要特别注意，床不要太硬，宝宝脚上也不要穿太厚，越热宝宝蹬得越厉害。另外，还应该给宝宝留出足够的空间，让宝宝玩个够，比如，可以在宝宝腿能够着的地方放一个小玩具吸引宝宝蹬腿，这样不仅能满足宝宝蹬腿的乐趣，还能促进宝宝肢体动作的发育。

　　当然，在某些特殊情况下，宝宝也喜欢蹬腿。比如，宝宝噎着奶了，就会使劲地蹬腿；尿急的时候会用蹬腿来向爸爸妈妈示意；

心情很烦躁，也会用蹬腿表达自己的不满；等等。宝宝在这些特殊情况下蹬腿的表现与之前表现的快乐是完全不同的，只要爸爸妈妈细心一点，就能区别出来。

奇奇妈妈：

我家宝宝这几天睡觉的时候突然喜欢蹬腿，腿部肌肉像是在抽动一样，还发出"哼哼"的声音。宝宝这是怎么了？不会有什么毛病吧？

不少爸爸妈妈会发现，宝宝在睡觉时喜欢蹬腿，这是怎么回事呢？原来宝宝的神经系统发育不完善，高级中枢对皮质下中枢的控制又不足，所以手脚就容易发生抽动。一般来说，宝宝睡觉爱蹬腿属于正常的身体反应，但是如果除了蹬腿外还伴有多汗、睡眠不安、容易惊醒等现象，那么就很可能是宝宝体内缺钙，这时爸爸妈妈要及时为宝宝补钙哟。

踢腿语言：宝宝用踢腿的方式说"哇"

宝宝踢腿这一小小的动作其实潜藏着不少心理学秘密，比如宝宝在玩得开心的时候会频繁地踢腿，这意味着他有一个很棒的时光，他在用踢腿的方式说"哇"。当然，宝宝踢腿所表达的意思不止高兴这么简单，我们甚至可以从宝宝的踢腿动作中体会到宝宝的喜怒哀乐。下面我们通过一张表格来了解一下宝宝踢腿动作背后的心理秘密。

宝宝常见踢腿动作解密			
场景	踢腿动作	心理语言	婴语解读
宝宝要洗澡，兴奋地看着眼前的洗澡盆和盆里的玩具	双腿一碰到水就用力往外蹬，踢出水花	哇，好有趣呀	当宝宝心情愉快时会用踢腿来释放这种快乐
妈妈要上班去了，不能陪宝宝玩耍了，宝宝留下来由奶奶照顾	交替点地，频繁而快	妈妈，不要走呀	当宝宝着急的时候，情急之下会频繁地踢腿，以示抵抗
宝宝在床上玩耍，妈妈在忙着家务	百无聊赖地用腿踢着床垫	妈妈，快来陪我呀，我自己太无聊啦	当宝宝无聊地蹬腿、踢腿时是为了弄出一点可爱的响声来引起你的注意，这意味着他需要你的陪伴
宝宝在自己的领地玩耍，突然一个叔叔过来要和宝宝一起玩耍	宝宝使劲地蹬腿，把床单都蹬皱了	这是属于我的地盘，不许你踩来踩去	如果你无意中侵犯了宝宝的私人空间，哪怕是亲近的人，他也会恼火，尤其是在他玩得正嗨的时候

当然，以上表格中仅分析了宝宝常见的一些踢腿动作，在日常生活中还需要爸爸妈妈认真观察，这样才能洞悉宝宝肢体动作更多的秘密，从而了解宝宝的需求。

陶陶妈妈：

宝宝现在有6个月零22天了，小家伙长高了不少，而且今天她学会了一项新技能——踢人。今天在家给她把小便，结果她不开心了，伸着腿一踢一踢的，好像在对我说："我不想尿尿嘛。"小家伙竟然学会用踢腿说"不"了，我不禁想到，宝宝这样一天天长大，又会给我怎样的惊喜呢？真是十分期待呢！

其实，在宝宝成长过程中，每一次的成长都值得期待，值得纪念：第一次学会叫爸爸妈妈，第一次能伸着小手够到自己想要的东西，第一次跌跌撞撞地扶着墙走路……总之有太多的时刻值得爸爸妈妈去体会、去分享，请把宝宝的每一次成长都记录下来，或是用文字，或是用照片，并分享给来访的亲朋好友吧。

宝宝常见肢体动作疑难解答

问题一：新生儿抖动是被吓着了吗？

专家解读：宝宝刚出生，爸爸妈妈满心欢喜，可是不久便愁上心头，因为细心的爸爸妈妈经常会发现，如果忽然打开宝宝的被子或是弄出一点响声，宝宝全身就会快速地抖动，有些爸爸妈妈不禁担心：宝宝是被吓着了吗？其实，这仅是宝宝正常的生理反应罢了。刚出生的宝宝神经系统发育不完善，一旦受到刺激容易"泛化"，表现为打开被子时或是有强光、大声、震动等刺激时产生无意识的抖动或是抽搐，又俗称"惊跳"。

当宝宝出现惊跳时，爸爸妈妈不必慌张，更不要觉着宝宝是被吓着了，这时你只要用手轻轻地按着宝宝身体上的任何一个部位，或是把宝宝的小手交叉放在胸前，就能使宝宝安静下来。

问题二：把奶瓶推开是吃饱了吗？

专家解读：在给宝宝喂奶时，宝宝有时会把奶瓶推开，这一动作是否意味着宝宝吃饱了呢？一般情况下，如果宝宝把头转向一边，一副懒洋洋的样子，那么宝宝多半是真的吃饱了。而如果宝宝刚喝了几口就把奶瓶推开，则原因有很多：可能是奶水太凉或是太热，可能是宝宝胃口不好，可能是因为喂奶的不是熟悉的人，等等。总之，当宝宝把奶瓶推开时不要轻易地下结论，认为宝宝吃饱了，而应该找出真正，原因，否则很可能因为得不到奶水的营养而影响到宝宝发育。

问题三：宝宝喜欢用手抓脸，是不舒服吗？

专家解读：有些爸爸妈妈发现，宝宝十分喜欢用手抓脸，本来白白胖胖的宝宝，抓来抓去就把脸抓花了。如果父母粗心忘了给宝宝剪指甲，宝宝的脸上难免会留下抓痕，疼得宝宝哇哇大哭。那么宝宝为什么喜欢用手抓脸呢？是因为不舒服吗？

其实，宝宝用手抓脸，不是因为脸上有什么东西感到痒痒，而是在探索、发展手的能力。而且手的神经肌肉活动还可以向脑提供刺激，促进宝宝的智力发育。可是很多爸爸妈妈都不明白其中的原因，担心宝宝抓破自己的脸，就给宝宝戴上小手套，其实这样做不利于宝宝手运动能力的发展，甚至会影响宝宝的智力发育，最好的办法是保持宝宝手部的干净、整洁，经常给宝宝修剪指甲，给宝宝必要的呵护，任他去玩耍。

附一：0～1岁宝宝常见肢体动作摘录表

肢体语言能表达出一个人内心的意思，有时比说话还更为真实，而由于这时的宝宝并不能像大人那样清楚地表达自己的意思，所以很擅长运用肢体语言，如高兴时手舞足蹈，生气时踢腿。下面是一张0～1岁宝宝常见的肢体动作摘录表，对宝宝一些常见的肢体动作进行了汇总和解读。

0～1岁宝宝常见肢体动作摘录表		
肢体动作	潜台词	动作释义
摇头	好热好热/好痒好痒	如果宝宝睡觉时不安稳，而且头上还出汗，头发粘在头皮上很痒，宝宝就会左右摇晃来解痒
转头	咦？刚才发生了什么	宝宝经常会把头转向另一个方向，让自己有一点时间去领会自己刚刚看到了什么

肢体动作	潜台词	动作释义
抓头皮	怎么办，怎么办	当宝宝情急之下不知道怎么办时会不由自主地狂抓头皮，当然还可能是因为得了湿疹而感到痒痒
揉鼻子	鼻子好痒痒呀/好困	宝宝揉鼻子可能是过敏了，但如果宝宝在揉鼻子之后打哈欠、睡觉，则揉鼻子仅仅是表明他困了
拍手	欢迎欢迎/原谅我呀	当有客人来时，宝宝会拍手欢迎；而当爸爸妈妈生气时，宝宝也会用拍手来讨得原谅
揉眼睛	好困呀	宝宝吃饱喝足了，游戏也做完了，一切就绪就等睡觉啦
频繁翻身	哎呀，好不舒服，太热了/太冷了	如果宝宝睡觉时翻身比较频繁，可能是睡眠环境影响了宝宝的睡觉质量
抓妈妈的衣领	不能丢下我	宝宝在入睡时通常会伴有这个动作，如果不想每次都抱着或是搂着宝宝入睡，就要在宝宝有睡意时及时把宝宝放到婴儿车里

附二：宝宝生病的8种肢体动作暗示

在照顾宝宝的过程中，最让爸爸妈妈担心的莫过于宝宝生病了，尤其是对于不会说话的宝宝来说，及时发现宝宝生病的信号十分重要。其实，宝宝在生病时往往有一些肢体动作上的暗示，因此，只要爸爸妈妈平时留心观察宝宝的肢体动作，就能及时洞悉宝宝的身体健康状况。比如，当宝宝出现以下8种肢体动作时，很可能暗示着宝宝生病了，爸爸妈妈一定要加以注意。

动作一：经常揉眼睛

我们知道，宝宝困了或是刚睡醒时会揉眼睛，而如果宝宝经常揉眼睛，而且把眼睛揉得发红，那么爸爸妈妈就要注意宝宝的眼睛是否发炎了。

动作二：总是挖鼻子

有些宝宝有挖鼻子的习惯，但也是偶尔地抠一抠。如果宝宝感冒了，鼻黏膜的抵抗能力降低，再加上鼻塞、流涕，宝宝会感到不舒服，于是总忍不住去挖鼻孔。

动作三：持续性用手敲打头部

通常来说，用手敲打头部是宝宝宣泄情绪的一种方式，不过如果宝宝持续性地用手敲打头部，则很可能是生病了，比较常见的是感冒、头痛、头晕。

动作四：背部拱起

当宝宝拱起背部时是在表达自己的疼痛或是不安，比如当胃灼热时，宝宝就会拱起背部。

动作五：蜷缩膝盖或捂着肚子

当宝宝感到胀气、便秘、肠蠕动不适时，会蜷缩膝盖或是捂着肚子，这是婴幼儿常见的消化道不适的迹象，爸爸妈妈要加以注意。

动作六：身体抽搐

爸爸妈妈如果发现宝宝抽搐了，务必要加以警觉，这很可能是宝宝发烧，温度过高造成的，而且一般抽搐都发生在夜里，爸爸妈妈不可疏忽。

动作七：莫名其妙咬人

当宝宝长牙时，牙床会肿胀发痒，宝宝为缓解这种不适，就会出现咬人的动作。这时爸爸妈妈一定不要反应过激，不妨准备一些干净柔软的布或是专门的磨牙胶。

动作八：蹭衣服

有时爸爸妈妈会发现，当抱着宝宝时，宝宝很爱蹭衣服，此时不要只觉得宝宝是在卖萌，宝宝很有可能是在蹭痒痒，尤其是在夏天，要格外注意宝宝是否有湿疹或是过敏现象。

　　当然，以上8个常见的肢体动作仅仅是宝宝生病时的一些表现，并不能凭借单一的动作就判定宝宝生病了，只能说这些动作都是宝宝给照护者的一种暗示，这就需要爸爸妈妈在平时留心观察宝宝，提高自己的警惕心，减少自己的疏忽。

第五章

怪异行为不纠结，
破译宝宝行为背后
的心理密码

宝宝太小不会表达，不能很好地与爸爸妈妈建立起顺畅的沟通模式，所以爸爸妈妈在照顾宝宝的过程中一定心存疑问，对于宝宝的一些"古怪"行为大感不解。比如很多宝宝都喜欢吮手指、啃脚丫，有些宝宝喜欢撕纸、玩弄生殖器，还有些宝宝喜欢反复扔东西，等等。其实，不管宝宝的行为有多怪异，其背后都有一定的原因，爸爸妈妈只要破译了宝宝行为背后的心理密码，就能理解宝宝的这些怪异行为了。

吮手指、啃脚丫——宝宝口欲期的特殊癖好

从两三个月开始，莉莉就喜欢把自己的手指放进嘴里吮吸，而到五六个月开始长牙的时候，她看见什么就吃什么，不管东西能不能吃、干不干净，只要抓到手上，都要放到嘴里尝一尝、咬一咬，比如手机、眼镜，甚至还有自己的小脚丫！妈妈简直要崩溃了！

小孩子是个神奇的动物，两三个月大的时候喜欢吃手，而到了五六个月的时候又迷恋上啃脚丫，而且不论何种姿势，动作难易度如何，他都能准确无误地把脚丫送到嘴里，接着宝宝就会沉醉其中，难以自拔……宝宝的这些特殊癖好，让爸爸妈妈感到十分不解，其实这仅仅是宝宝口欲期的一种正常现象罢了，如果爸爸妈妈了解了其中的秘密，自然就会拨开云雾，豁然开朗。

宝宝有根蜜手指

大家不难从身边的观察中发现，处于婴儿期的小宝宝们都有吮手指的习惯，对此很多爸爸妈妈感到不解，难道真的像老人口中常常说的那样，宝宝是在吮吸手中的糖吗？

其实，宝宝的手上并没有什么糖，那么宝宝为什么喜欢吮手指呢？

1. 吃手是宝宝一种健康的自我安慰方式

当宝宝感到不安、烦躁、寂寞或是紧张时，他都会通过吃手来缓解自己的情绪。

2. 口欲期的正常表现

这时的宝宝正处于口欲期，看到什么东西都喜欢往嘴里放，而且"手"在宝宝眼里其实是一种非常有趣的玩具。

3. 没有得到心理上的满足

宝宝吃手还可能是因为没有得到心理上的满足，比如在喂奶粉时，宝宝吮吸过快，虽然小肚子已经饱了，但是吮吸的欲望还没有得到满足，当妈妈拿走奶瓶后，宝宝只好吮吸自己的手指了。

总的来说，宝宝喜欢吃手并不是一件坏事，反而对宝宝手指功能的分化和眼手协调能力的发展有好处。但是如果宝宝吮吸的时间过长就是一种不良的习惯了，这不仅会影响宝宝牙齿的生长，还容易引发口腔问题。所以爸爸妈妈也要注意预防宝宝过分吮吸手指，比如在喂奶时不急不躁，充分满足宝宝吮吸的欲望；也可以根据宝宝所处的不同的年龄阶段，用不同的玩具吸引宝宝，转移宝宝的注意力。

宝贝观察室

你有认真观察过宝宝吮吸手指的动作吗？也许在我们看来，这一动作没什么了不起，可是对于宝宝来说，这可是一件大工程，因为每次吮吸宝宝都要通过四种反射行为的协调才能完成：首先，宝宝要将手臂弯曲成小圆弧形；其次，要放松运动肌群伸出指头；再次，要搜寻并将手伸至小嘴里；最后才开始吸吮。现在看来宝宝是不是很了不起呢？所以当看到宝宝在吃手时就不要纠结了，为宝宝感到高兴才对呢。

宝宝有只香脚丫

爸爸妈妈有没有发现，宝宝还对自己的小脚丫很感兴趣呢？宝宝对脚的热爱真是超出了我们的想象，无论何时，宝宝都想"吃"到自己的小脚丫，与它们来个亲密接触，那么为什么宝宝喜欢吃自己的小脚丫呢？

1. 口欲期的表现

1岁以内的宝宝正处于口欲期，而口部是获得各种欲望满足的主要途径，于是你可以看到，只要是见到新奇的或是他们感兴趣的东西，宝宝都会尝试着塞到嘴里，对宝宝来说这实在是一项愉快的体验活动，那么啃脚丫也就不足为怪了。

2. 对脚丫感到好奇

宝宝吃脚丫和吃手是一样的，而且他们并不知道自己吃的是脚，所以才会用嘴巴去研究这个带着五个叉的东西。而且从心理学意义上讲，宝宝吮吸脚丫也可以得到心理上的满足，获得快感。

总的来说，宝宝啃脚丫的行为和吃手的行为很相似，吃手和啃脚丫都标志着宝宝的心理发育进入到一个新阶段，而且宝宝能使手口动作互相协调，也是智力发展的一种表现。所以当宝宝吃脚丫时，爸爸妈妈不要强行去阻止，只要注意把宝宝的脚丫洗干净就可以了，等到宝宝慢慢长大，啃脚丫的行为也会慢慢消失的。

幸福分享站

某论坛一位宝妈的分享：

之前经常在宝妈秀里看到宝宝啃脚丫的照片，感觉特别可爱，真希望我的宝宝也能快点长大，学着啃他的小脚丫。今天上午，我跟他玩的时候发现他在用手掰自己的小脚丫，一点一点地往嘴里塞，只是塞不进去，看他想吃又吃不到的样子，别提多可爱啦。

以下是网友的回复：

我的皮皮：你好，我家宝宝爱坐着啃脚丫，一啃起来，津津有味，拦都拦不住。

豆豆的好妈妈：那咱俩的宝宝大小差不多，今天5个月零7天了，刚啃两三天。

家有调皮壮壮：我家那个从4个月零25天到现在5个月零6天，无时无刻不抱着他的脚丫子啃，真不知道有啥好吃的。

……

这是来自某论坛妈妈帮社区的一则帖子，如果大家感兴趣，可以去和那里的潮妈奶爸们交流一下。

撕纸、撕书——手的敏感期的疯狂爱好

丁丁妈妈最近很是苦恼，7个月的丁丁爱上了撕纸，不论是卫生纸、纸巾还是图画书，只要是纸质的东西或是他能撕得动的，几乎都不能幸免，甚至有时候他还会往嘴里塞。每次看到满地的狼藉，妈妈的心情都是灰色的。妈妈十分不解，丁丁为什么喜欢撕纸呢？

一些爸爸妈妈会发现，宝宝在六七个月的时候突然喜欢上了撕纸，而且是不管什么都撕，还撕得兴高采烈，不亦乐乎。那么宝宝为什么这么喜欢撕纸呢？宝宝撕纸的时候该阻止他吗？

宝宝为什么喜欢撕纸

有的爸爸妈妈看到宝宝撕纸，觉得宝宝是在调皮，真的是这样吗？我们来看看科学的解释是怎样的。

1. **手的敏感期的外在表现**

六七个月的时候，宝宝手指的灵活度和力量都有了巨大的飞跃，而且宝宝也初步掌握了手的抓握特点，这意味着宝宝开始进入手的敏感期了，这个时期的宝宝普遍会出现撕纸、撕书的现象。

2. **撕东西能带来奇妙和惊喜**

在撕纸的过程中，宝宝能不断感受到双手相互对抗的感觉，这是一种奇妙的感觉。撕纸这一过程虽然是一种破坏性的行为，但是从另一个角度讲也是一种创造——改变纸的形态，当宝宝发现自己能用手改变纸的形状和发出撕纸的声音时，他们会感到奇妙和惊喜，所以宝宝才会如此乐此不疲。

3. 实现自然协调的一种方式

这个阶段的宝宝会通过各种活动来锻炼自己的手眼协调能力，撕纸、撕书实际上是在练习左右手的反向运动，以及手眼的协调能力。

宝贝观察室

你有观察过宝宝的撕纸行为吗？细心的爸爸妈妈会发现，宝宝的撕纸行为大约从六七个月开始，一般会持续到3岁左右。随着年龄的增长，宝宝的撕纸方式也在发生着变化，比如六七个月的时候，多为游戏性撕纸，即许多爸爸妈妈抱怨的乱撕纸行为；到2岁左右，多为仿照性撕纸，这也是模仿敏感期的重要特点之一；而到了3岁左右，宝宝的想象力爆棚，这时的撕纸活动也衍变为创造性撕纸。

如果爸爸妈妈感兴趣的话，可以做一个撕纸成长记录，即观察不同阶段宝宝的撕纸活动并记录下来，见证宝宝手部精细动作的发展历程。

应对宝宝撕纸、撕书的几个小技巧

在养育宝宝的过程中，新手爸妈会碰到各种各样的问题，对于宝宝表现出的很多行为，爸爸妈妈不是十分理解，譬如喜欢撕纸。其实，如果爸爸妈妈能理解这是宝宝的一种学习行为，就不会斥责宝宝，或者制止宝宝的学习了。那么，当宝宝撕纸时爸爸妈妈具体应该怎么做呢？

1. 废纸、废书撕个够

既然宝宝喜欢撕纸，就满足他的爱好吧，给宝宝准备一些废纸或是旧书、废旧的杂志等来练习撕纸。但是爸爸妈妈一定要注意卫生和安全问题，比如：纸张要干净，材质要柔软；注意看护宝宝，以防宝宝在撕纸的时候误食；避免使用报纸之类等含有油墨印刷的纸张（因为含铅，对宝宝健康不利）；撕纸后要及时洗手；等等。

2. 配合宝宝锻炼各项能力

在宝宝撕纸时，爸爸妈妈除了静静地观看外，也可以配合宝宝。比如，给宝宝准备不同材质的纸张，提高宝宝触觉的敏感性；教宝宝"撕、拉、抓、揉"等动作，不断锻炼宝宝手指的灵活性和协作能力；引导宝宝撕出不同的形状和轮廓，以此开发宝宝的想象力；等等。

3. 带给宝宝不同的撕纸体验

对于宝宝来说，撕纸本身是一件快乐的事，不过如果爸爸妈妈能再用心一点，就能带给宝宝不同的撕纸体验。比如，在宝宝撕纸时教宝宝用不同的节奏撕纸，这样撕纸时发出的声音也会有所区别，爸爸妈妈还可以跟宝宝做一些撕纸游戏，为撕纸这项活动增添更多的乐趣。

总之，宝宝的撕纸行为是手部精细动作能力发展的表现，而且宝宝手部的精细动作和大脑有着紧密的联系，所以爸爸妈妈要尽可能多地为宝宝提供锻炼的机会，这样宝宝才会越来越聪明，正所谓"心灵手更巧，手巧心更灵"。

幸福分享站

　　既然宝宝这么喜欢撕纸，为什么你不动起来和宝宝一起享受撕纸的快乐呢？下面分享一个亲子撕纸小游戏给大家。

　　游戏名：撕纸小专家

　　游戏步骤：

　　1. 准备卫生纸、A4纸、杂志纸及纸巾各一张。

　　2. 向宝宝做示范：抽取其中一张纸，并撕成条状，一边撕一边说："我是撕纸小专家！"

　　3. 引导宝宝做同样的动作。

　　4. 依次撕剩下的三种类型的纸张。

　　扩展建议：当宝宝的手部动作更精细时，爸爸妈妈可以教宝宝撕一些简单的物体轮廓，如正方形、三角形、皮球、月亮等，由易到难，循序渐进。

玩弄生殖器——正常的生理行为

　　在宝宝的婴儿时期，宝宝会用手去触摸一切他觉得有意思的东西，当然也包括身体的每个部分，其中，吃手指、啃脚丫是最常见的行为，虽然这些行为有些怪异，但是大多数爸爸妈妈还是可以接受的。可是某一天，爸爸妈妈发现宝宝竟然玩起了生殖器，许多爸爸妈妈的第一反应是大吃一惊，接着便匆匆制止，因为在他们看来这是一种很羞人的坏习惯，那么事实真是这样吗？

婴儿玩弄生殖器的原因

　　一般来说，当宝宝长到10个月的时候，就开始有意识或无意识地玩弄自己的生殖器了，比如男宝宝喜欢用手抓自己的"小鸡鸡"，而女宝宝也会出现类似的行为，磨蹭或者是抚摸自己的生殖器。那么究竟宝宝为什么喜欢玩弄生殖器呢?

1. 源于对身体的好奇探索

探究自己的身体奥秘是宝宝成长过程中非常重要的一个环节,在这个过程中,宝宝秉持着好奇的天性,不知不觉去探索身体的每一个部位,当某一天习惯了玩耍手指、脚丫的宝宝忽然发现自己的身体上还有其他新奇的器官时,宝宝自然会去探索一番,于是爸爸妈妈就看到了孩子玩弄生殖器的现象。

2. 获得身体和心理上的满足

当宝宝用双手探索自己的身体并触摸到自己的生殖器时会产生一种身心舒适的快感,为了持续得到这种舒适的感觉,宝宝会情不自禁地玩耍起自己的生殖器来。除此之外,当宝宝频繁地吮吸母乳,或是受到妈妈温柔的抚摸时也会产生这种感觉。所以,宝宝玩弄生殖器其实是为了获得身体和心理上的满足。

3. 仅仅是无聊时的玩具罢了

由于爱玩的天性使然,宝宝不仅会把周围的一切当成是自己的玩具,还会把自己身体的每一个部位都当成是玩具,每当宝宝感到无聊时就会玩耍一番,所以如果你看到宝宝玩弄生殖器,可能仅仅是因为宝宝觉得无聊了。

4. 感到不舒服的表现

宝宝触摸生殖器也可能是感觉不舒服了,比如,宝宝的纸尿裤穿得时间过长,长期残留的尿液变质,继而滋生出细菌,这时宝宝就会感到湿痒难受，就会用手去触摸生殖器来缓解这种糟糕的感觉。

宝贝观察室

很多爸爸妈妈会发现，男宝宝较女宝宝更喜欢玩弄自己的生殖器，这是为什么呢？其实，如果爸爸妈妈细心一点就会找出问题的根源，很多时候这是周围成人"培养"出来的结果。比如，很多成人出于逗弄的心理会拿男宝宝的"小鸡鸡"开玩笑，或是逗弄男宝宝的"小鸡鸡"，而宝宝是不懂大人的心理的，认为大家喜欢他这样，于是为了吸引大家的注意，宝宝索性自己也玩耍起来。所以当有亲朋好友逗弄宝宝的"小鸡鸡"时，爸爸妈妈要注意了，要尽量避免让宝宝遭受这种无意的逗弄。

正确引导玩弄生殖器的宝宝

玩弄生殖器是宝宝开始关注身体器官的一种成长现象，属于正常的生理行为，不过如果宝宝养成玩弄生殖器的习惯，既不卫生，又不雅观，那么爸爸妈妈该怎样引导玩弄生殖器的宝宝呢？下面是几点小建议。

1. 端正态度引导宝宝

有些爸爸妈妈看到宝宝玩弄生殖器，不免气上心头，甚至责骂宝宝"羞死人""好丢人""好脏"等之类的话语，这样不仅让宝宝感到害怕和不安，还会使宝宝形成一种错误的认知，即生殖器是脏的、见不得人的。还有些爸爸妈妈会粗暴地制止宝宝玩弄生殖器的行为，结果刚把宝宝的手拿开，宝宝又马上放了回去，如此几次仍然没什么用。其实这些做法都是不恰当的。在发现宝宝玩弄生殖器时，爸爸妈妈不要责骂宝宝，也不要粗暴地制止宝宝，而应该端正态度去引导宝宝。

2. 适当转移宝宝的注意力

很多时候宝宝玩弄生殖器是因为太无聊了，如果爸爸妈妈及时给宝宝一些有趣的玩具或者为宝宝安排一些丰富的活动，就可以转移宝宝的注意力，那么宝宝就会忘记玩弄生殖器的事。

3. 培养宝宝的性卫生习惯

糟糕的卫生问题是宝宝玩弄生殖器的原因之一，所以爸爸妈妈一定要培养宝宝良好的性卫生习惯，经常为宝宝换洗衣物，勤给宝宝洗澡，每天晚上睡觉之前都帮宝宝清洗外生殖器，保持宝宝身体的清洁、干爽。

4. 适当减少对宝宝的关注

有时候宝宝玩弄生殖器是为了引起大人的关注，如果爸爸妈妈不知道其中的道理而反应强烈，反而会强化宝宝的这种行为，所以聪明的爸爸妈妈应当适当忽视宝宝玩耍生殖器的行为。

5. 关注宝宝的睡眠规律

除了闲暇时无聊，宝宝抚摸生殖器还经常发生在睡前或是刚睡醒时，如果爸爸妈妈掌握了宝宝的睡眠规律，就可以尽可能地在宝宝睡前或是刚睡醒时为宝宝找一些事情来做，比如陪宝宝玩游戏，那么宝宝就没有空闲时间来玩弄自己的生殖器了。

幸福分享站

　　当宝宝的敏感地带出现问题的时候，很多爸爸妈妈都很难从容应对：一方面是因为对许多重要的卫生和安全问题了解得还不够，常常出现这样那样的疑问；另一方面是因为缺乏必要的护理常识，遇到护理问题时总是手忙脚乱，不知所措。下面是两张针对男女宝宝不同护理内容制作的表格，爸爸妈妈可以参考一下。

男宝宝生殖器护理篇	
正确的清洁方法	特殊的护理
水温要控制在40℃左右，合适的水温能保护宝宝皮肤及阴囊不受烫伤	尽量不要穿紧身裤，衣服要宽松些
宝宝的"小鸡鸡"和阴囊十分脆弱，洗澡的时候要特别注意，不要因为紧张慌乱用力挤压	如果宝宝不再戴尿布，小便后最好用干净的手纸擦一下
清洗时把"小鸡鸡"轻抬起来，轻柔地擦洗；阴囊下边容易积留尿液和汗液，要着重擦拭	要为男宝宝准备自己独用的洗具，如毛巾、盆等

女宝宝生殖器护理篇	
正确的清洗方法	特殊的护理
要用40℃左右的温开水，不要一半热水一半凉水	便便后用纸巾擦拭，擦一遍换一张纸巾，切忌重复使用
清洗的顺序要从前向后，从中间向两边	尿布选择纯棉质地，不出门的时候最好不用尿不湿
尽量用脱脂棉、棉签或柔软的纱布浸透水给宝宝擦拭	爽身粉的粉尘容易进入生殖器，所以最好不要用爽身粉扑下身
洗澡用的浴液最好是100%不含皂质、PH值中性的婴儿专用沐浴露	如果发现新生宝宝外阴偶尔有白色或带血丝的分泌物出现时，用浸透清水的棉签轻轻擦拭即可

黏上不放——宝宝的分离焦虑期到了

来自菲菲妈妈的求助：

菲菲现在8个月了，这几天不知道怎么回事突然黏上了我，只要我不在她的视野范围之内，她就哭着闹着要找我。如果是在别人怀里，一看见我，即使是一个背影，她也立刻哭着要我抱。为了尽可能地满足她，这几天都把我累疯了。我很担心宝宝，不晓得她会不会一直这样，不晓得如果她只认我会不会影响她以后的性格发展，让她太过依赖。现在我真是不知道该怎么办了，有过来的妈妈知道这是怎么回事吗？

菲菲的表现是典型的分离焦虑。处于分离焦虑期的宝宝会表现得特别黏人，尤其喜欢黏着妈妈不放，即使到了晚上也不消停。比如有时宝宝会在大半夜哭闹，妈妈检查一番，发现宝宝既不是肚子饿了，尿布湿了，也不是穿得太少或是太多，正当妈妈不知所措时，宝宝伸出了双手要妈妈抱抱，妈妈才晓得原来宝宝是想要抱抱了。那么宝宝的分离焦虑究竟是怎么一回事呢？为什么宝宝喜欢黏着妈妈呢？面对宝宝的分离焦虑，爸爸妈妈能做什么呢？

了解婴儿的分离焦虑

一般来说，三四个月大的宝宝已经能够区别熟人与陌生人，等到五六个月的时候，宝宝会认定一个特定的对象并与其产生亲密的依附关系，通常来说这个对象就是妈妈，这是因为这个时期的宝宝还处在"母婴共生"阶段，对妈妈有着特别的依赖。另外，这时的宝宝不像成人一样有物体恒存的概念，在宝宝的认知里，离开和完全消失是一个概念，因此，每当妈妈离开宝宝的视野时，宝宝就会觉得自己和妈妈分开了，再也见不到妈妈了，于是便会产生分离焦虑，表现在以下三个方面：

（1）情绪化严重。动不动就哭闹，同时也容易被新事物吸引，比如新奇的玩具。

（2）黏人不放。处于分离焦虑期的宝宝会相对黏人一些，而那些分离焦虑较严重的宝宝，醒着时每一分每一秒都离不开妈妈。

（3）缺乏安全感。宝宝害怕分离，某种程度上是缺乏安全感的表现。有时我们看到有些宝宝在妈妈离开时只是稍微闹一会儿，并没有黏着不放，也能跟除妈妈之外的人玩耍，这说明宝宝的安全感建立得很好。而有些宝宝的情况则恰好相反，这样的宝宝大多缺乏安全感。

宝贝观察室

一个有趣的现象是母乳喂养的宝宝通常会更黏妈妈，这是因为母乳较易消化，宝宝容易肚子饿，这时妈妈通过喂母乳不仅能缓解宝宝的饥饿感，满足宝宝吮吸的欲望，还能让亲子互信与依附关系建立得更好，不过正因为如此，当宝宝出现分离焦虑的时候，妈妈也要更费心一些。

帮宝宝缓解分离焦虑

宝宝的分离焦虑是其成长过程中的一种正常现象，不过爸爸妈妈还是不能掉以轻心。根据统计研究发现，一些问题青少年的焦虑症可以追溯到其婴儿时期，而且从另一方面来讲，如果宝宝的情绪波动太大很可能影响其良好性格的形成，为此，爸爸妈妈应该帮助宝宝减少或缓解分离焦虑。

1. 给宝宝足够的关注和安全感

细心的妈妈会发现，当宝宝9个多月的时候，宝宝的分离焦虑情绪会变得很糟糕，这时宝宝会不停地找妈妈，如果找不到会急得大哭，这是宝宝的分离焦虑到了高峰期的表现，这时妈妈不要嫌宝宝烦，不要不理他，而应该给予宝宝足够的关注和安全感，减轻宝宝的分离焦虑。

2. 让宝宝练习短暂分离状态

宝宝的分离焦虑要经历一段很长的时期，通常来说到3岁以后才会慢慢结束，为此爸爸妈妈要打好基础，早早让宝宝适应短暂分离状态。比如，在离开宝宝之前和宝宝沟通一下，对他说："宝宝，一会儿见哦！"等到回来时再对宝宝说："我回来啦！"这样经过几次练习，宝宝就会渐渐明白，妈妈在短暂离开后还会回来，也会渐渐适应短暂分离的状态。

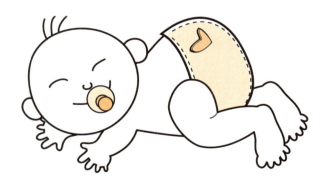

当然，在初次练习短暂分离的时候宝宝可能并不明白妈妈的意思，且会哭闹得很厉害，这时妈妈切不可心软，要坚定地离开，

以坚定宝宝等待的决心。当然，初次练习的时间可短一些，循序渐进，也让宝宝更容易接受。

3. 培养宝宝的恒存意识

这时的宝宝还没有恒存意识，如果宝宝明白了妈妈一直都在的事实，就会建立起内心的安全感，减少内心的焦虑。那么该怎样培养宝宝的恒存意识呢？下面是两个小练习：

练习一：拿一个宝宝感兴趣的玩具，先吸引宝宝，然后把玩具藏到身后或是宝宝看不见的地方，等几秒钟再拿出来，如此反复练习，宝宝就会渐渐明白东西看不见了并不代表不存在了。

练习二：洗澡或是上厕所时，把宝宝放在门口，这时宝宝会来来回回地看你有没有消失，这时你不妨耐下心来等一下宝宝，等到宝宝确认你一直都在，然后再关上门，这样宝宝就会知道你一直存在了。

4. 寻找合适的人照顾宝宝

妈妈不可能时时刻刻都陪在宝宝身旁，如果恰好爸爸不在，妈妈又有急事需要外出，就只能把宝宝托付给长辈或是其他亲戚照看，遇到这种情况妈妈不要忧心，其实这时正是减少宝宝对妈妈过分依恋的好时机。

有些妈妈也会有这样的疑问：为啥我家宝宝就没有出现分离焦虑呢？难道是宝宝不喜欢自己才不黏自己吗？其实我们所说的分离焦虑阶段并非每一个宝宝都会经历，是否会出现分离焦虑通常与宝宝的个性有关，有的宝宝天性不黏人。

　　除此之外，若是宝宝没有特定的主要照护者，通常也比较不黏人，比如有些爸爸妈妈因为工作的原因把宝宝交给长辈轮流照顾，那么宝宝也很少出现分离焦虑情绪。

反复扔东西——宝宝是在恶作剧吗

妈妈刚给宝宝买了新的积木，宝宝兴奋得不得了，抓起来又是摸又是咬的，可是不一会儿，宝宝就玩腻了，随手就把积木丢了出去，"咚"的一声，积木正好落在了妈妈的脚背上，宝宝"咯咯"大笑起来，妈妈摇着头把积木捡了起来，可是还没等妈妈把积木放好，下一个积木块又飞了出来，直接飞到了沙发后面，妈妈又去沙发后面捡积木……就这样，宝宝扔啊扔，妈妈捡啊捡，最后妈妈实在是生气了，对宝宝说："你这孩子，怎么这么不懂事……"宝宝被妈妈这么一凶，立马小嘴一撇，大哭起来。

相信这样的一幕很多爸爸妈妈都经历过，宝宝特别喜欢扔东西，抓到什么扔什么，更可气的是，当你把东西捡回来的时候，宝宝还特别开心，继续扔得满地都是，难道这是宝宝的恶作剧吗？

不是恶作剧，是宝宝在成长

宝宝反复扔东西的行为看似是恶作剧，其实是有着深刻的心理学意义的。

1. 进入空间敏感期的表现

从心理学角度分析，宝宝从出生开始就进入了空间敏感期，在这段时期，宝宝会通过嘴巴、手等去探索周围的世界，从刚开始的吮吸手指、咬玩具，到喜欢玩抽纸，再到喜欢扔东西等等，这都是空间敏感期的表现。

2. 自我意识萌发的体现

在宝宝刚出生的时候，他以为自己和世界是一体的，后来在不断扔东西的过程中，他逐渐发现，原来自己和其他物品是不一样的，自此自我意识开始萌芽。而且在这个过程中宝宝会获得一种成就感，为了持续获得这种感觉，宝宝就会不断地重复扔东西的动作，进而表现出强烈的"我要"的自我意识。

3. 为了引起他人的关注

宝宝发现扔东西能引起爸爸妈妈的高度关注，于是每当宝宝想要得到关注时就会选择扔东西。

4. 是一种探索的学习方式

随着手的功能被唤醒，宝宝会逐渐发现，手不光能抓东西，还能扔东西，于是为了不断体验这一新技能，宝宝开始反复扔东西，且乐此不疲。而且在这个过程中，宝宝的眼手协调能力、观察力、理解能力等都会得到提升。

5. 情绪发泄的一种方式

扔东西很可能是因为宝宝不开心了，宝宝需要通过摔东西、扔东西的方式来发泄自己的小情绪。

宝贝观察室

虽然宝宝扔东西的行为很让人烦恼，但是爸爸妈妈如果能停下来认真观察一下，就很容易体会到宝宝扔东西的快乐。现在你可以和宝宝一起玩扔东西的游戏：准备一个毛绒玩具，和宝宝面对面坐下，中间隔开一点距离，一起把毛绒玩具扔过来扔过去。注意在游戏的过程中观察一下宝宝的兴趣点在哪里，并试着站在宝宝的角度去理解宝宝扔东西的快乐。

正确引导爱扔东西的宝宝

扔东西的行为可以促进宝宝的生长发育和身心发展，激发宝宝探索世界的好奇心，所以无论出于什么原因，爸爸妈妈都不应该盲目地训斥宝宝扔东西的行为。那么爸爸妈妈应该怎样正确引导宝宝呢？

1. **尽量配合**

爸爸妈妈可以为宝宝提供一些可以扔的物品，如沙包、皮球、毛绒玩具、橡胶玩具以及各种不同形状、重量、质地的物品，让宝宝尽情地体验不同物体的不同属性。

2. **给予限制**

这时的宝宝还没有什么分辨能力，看到什么就扔什么，所以玻璃器皿、贵重物品等要收好，不要随意摆放，以免伤害到宝宝。

3. **表扬宝宝**

在宝宝刚刚学会抓起、扔出动作时，爸爸妈妈要及时给予表扬，如"宝宝真棒""宝宝好有力气""宝宝扔得真远"等等。如果宝宝扔了不该扔的东西，也不要严厉责备宝宝，否则宝宝会误以为

乱扔东西能引起大人的高度注意，久而久之，很可能养成乱扔东西的坏习惯。

4. 玩扔东西游戏

爸爸妈妈可以设计一些扔东西的亲子游戏，和宝宝一起玩耍，如扔球、掷沙包等，而且在玩耍的过程中还可以教宝宝各种投掷技能。

幸福分享站

妈妈在打扫卫生时偶然拉开了沙发，结果看到了这样一幅场景：纸牌、玻璃球、发卡、积木块杂乱地撒在地上，甚至还有消失了很久的遥控器！妈妈哭笑不得，只好默默地拿起了扫把。

相信很多爸爸妈妈都有类似的体验和烦恼，你家宝贝有扔东西的习惯吗？你是怎么处理的？不妨和其他爸爸妈妈交流一下，顺便吸取一点经验吧。

布鲁布鲁吐泡泡——是肺炎的征兆吗

妍妍妈妈：

我家宝宝3个多月了，这几天我发现她嘴里总是吐泡泡，像是螃蟹一样，但是又没什么别的症状，这是怎么回事呀？碍事吗？

晨晨妈妈：

我家宝宝出生20天了，体温正常，吃奶也正常，可就是不停地吐泡泡，布鲁布鲁的，像小鱼似的，是宝宝有什么疾病吗？

星星爸爸:

我家星星5个月零10天，口水流得特别严重，有时候还会吐小泡泡，我听说宝宝吐泡泡是肺炎的症状，真的是这样吗？

相信新手爸妈都遇到过这样的问题，宝宝莫名其妙地吐泡泡，经常把衣服和领子弄得湿湿的，而且最让爸爸妈妈担心的是宝宝的健康问题。那么宝宝吐泡泡究竟是怎么一回事呢？爸爸妈妈又应该怎么应对宝宝吐泡泡呢？

吐泡泡是一种正常的生理现象

很多宝宝会有口吐泡泡的现象，其实爸爸妈妈不必惊慌，这是一种正常的生理现象。总体来说，宝宝吐泡泡有以下几大原因：

1. 控制系统不完善

由于宝宝的控制系统发育得还不够完善，而唾液分泌系统在两三个月的时候发展迅速，这就导致宝宝的控制系统跟不上唾液系统的发展，再加上宝宝的口腔浅，不能存积过多的口水，所以来不及吞咽的口水就从嘴巴里跑出来，于是我们就看到了宝宝吐泡泡的现象，其实宝宝吐的泡泡是唾液的一种。

2. 牙龈神经组织受到刺激

当宝宝处于长牙期时，长牙齿的时候会引发牙龈组织略微肿胀不舒服，进而刺激牙龈上的神经组织，于是催生了唾液。

3. 唾液腺体受到食物的刺激

在4～5个月的时候，很多爸爸妈妈会为宝宝添加辅食，而辅食不同于母乳或是奶粉，辅食成分复杂且容易刺激唾液腺体，进而口水的分泌量就会增加。

4. 无聊时的闲暇游戏

如果宝宝一边吐泡泡一边玩弄舌头，且没有咳嗽、拒奶、烦躁哭闹等现象，那么吐泡泡仅仅是宝宝打发无聊时光的一种方式罢了。

宝贝观察室

有些爸爸妈妈可能会发现宝宝有口吐白泡沫的现象，这时爸爸妈妈就要加以注意了，观察一下宝宝是否还有其他症状，如精神萎靡、拒奶或减少吃奶、大便稀、呼吸不正常等，如果有则可能是肺炎的信号，爸爸妈妈一定要及时带宝宝到医院检查。

做好宝宝的口水护理工作

宝宝总是吐泡泡真是颇为烦人的一件事，稍不注意，衣服、领子就弄得脏脏的，而且嘴角总挂着口水，既不卫生也不雅观。那么爸爸妈妈该怎样做好宝宝口水的护理工作呢？

1. 用柔软手帕擦嘴

如果看到宝宝吐泡泡，口水多了，爸爸妈妈可以用柔软的手帕帮宝宝擦嘴，需要注意的是擦嘴的动作要轻柔，要一点点蘸去流在嘴巴外面的口水。另外，切忌用粗糙的手帕或是毛巾在宝宝嘴边抹来抹去，因为这样容易使宝宝稚嫩的皮肤受伤。

2. 护理口腔周围的皮肤

宝宝口腔周围的皮肤如果长时间被口水浸泡很容易患上湿疹，所以为了保持宝宝脸部、颈部的干爽，每天至少要用清水清洗两遍。

3. 适当涂抹婴儿护肤膏

由于口腔中的一些杂菌及唾液中的淀粉酶等物质对宝宝的皮肤有一定的刺激作用，所以爸爸妈妈经常会看到宝宝口腔周围的皮肤发红，起小红丘疹。为了避免这种情况，爸爸妈妈可以在宝宝口腔周围的皮肤上涂一些婴儿护肤膏。

4. 挂全棉小围嘴

有时稍不注意，宝宝的口水就会流得哪里都是，爸爸妈妈又不能时时刻刻为宝宝擦嘴，这时不妨给宝宝挂个全棉的小围嘴，这样颈前、胸前的衣服就不容易弄湿了。需要注意的是，在挑选围嘴时要选择那些柔软、略厚、吸水性较强的布料。

幸福分享站

很多爸爸妈妈都想知道，宝宝长到什么时候就不再吐泡泡了。一般来说，如果是生长发育较快的宝宝，在一岁半之前就不再吐泡泡了；而如果生长发育缓慢一些，宝宝吐泡泡的行为会延迟到两岁。在这期间爸爸妈妈要对宝宝悉心照顾，除了护理宝宝的身体外，还要记得经常换洗宝宝的枕巾，以免细菌滋生，影响宝宝的身体健康。

阿嚏阿嚏打喷嚏——宝宝是感冒了吗

宝宝抵抗力弱，比大人更容易生病，所以爸爸妈妈会特别注意宝宝的健康状况。如果是稍微敏感的爸爸妈妈，只要宝宝一打喷嚏，他们就认为是宝宝感冒了，但事实上可能是因为一粒小灰尘飞到了宝宝的鼻孔里。这节我们来谈谈宝宝打喷嚏的行为。

为什么宝宝总是打喷嚏

很多妈妈觉得宝宝总打喷嚏一定是感冒了，可是测量宝宝体温，正常，观察宝宝吃奶，正常，察看宝宝睡眠，也正常。那么为什么宝宝还是总打喷嚏呢？其实促使宝宝打喷嚏的原因有很多，即使宝宝总是打喷嚏，也并不代表宝宝就是感冒了。以下是宝宝打喷嚏的常见原因：

1. 保护性反射

1岁以内的婴儿经常会打喷嚏，尤其是在出生后的前三四个月，其实这是宝宝体内的一种保护性反射机制，能够帮助宝宝及时清除鼻腔和喉咙中的黏液或者分泌物。所以宝宝打喷嚏有可能是在清理鼻腔和喉咙中的东西呢。比如，宝宝因为衣服穿少了受凉，或者出汗没有及时换下湿衣服受凉时都会打喷嚏。

2. 鼻黏膜敏感

宝宝的鼻腔黏膜上有许多嗅神经的纤维，是人体重要的感觉器官，可以对外界的各种气味及时做出反应，再加上新生宝宝的鼻黏膜比较敏感，所以受到刺激时宝宝很容易打喷嚏，如受到灰尘、烟雾或刺激气味的刺激。

3. 对环境不适应

宝宝刚从妈妈的子宫里出来，还不适应外面的环境，这时的宝宝对自然界温度与湿度的变化、强烈的光线等非常敏感，只要有稍微的温度变化或是强光刺激，就会刺激到宝宝鼻黏膜里丰富的嗅神经纤维末梢，诱发宝宝不断地打喷嚏。一般来说，出生三四个月后，宝宝才能适应新环境的变化，常打喷嚏的现象才会逐渐减少。

4. 感冒引起

如果宝宝感冒了，也会出现打喷嚏的情况，而且通常来说这是引起宝宝打喷嚏的主要原因。

如果宝宝出现下列症状，你能辨别宝宝是感冒了还是因为其他原因吗？在生活中多观察并记录宝宝感冒的症状，然后把总结写在下面的横线上。

症状一：宝宝出现眼屎增多、鼻塞、打喷嚏的症状。

症状二：偶尔出现流鼻涕、打喷嚏的症状，但精神状态很好。

症状三：宝宝鼻塞、打喷嚏，同时伴有发热、咳嗽、食欲下降等症状。

我家宝宝感冒时的常见症状：

宝宝打喷嚏的护理及预防措施

宝宝总是打喷嚏，做好护理和预防很重要，下面是适合1岁前宝宝打喷嚏的护理及预防措施。

1. 护理措施

有的宝宝打喷嚏可能是因为体内有寒气，如果宝宝总是在早晨打喷嚏且流清水鼻涕的话，很可能是宝宝有踢被子的行为，晚上受凉了。所以，爸爸妈妈要在晚上为宝宝盖好被子，同时防止宝宝感冒。与此同时，晚上的时候爸爸妈妈可以取姜片、蒜片用开水煮透，在水中加入一些盐和醋，等温度合适时为宝宝泡脚，这样能在一定程度上缓解宝宝打喷嚏的症状。

2. 预防措施

维持居住环境的干净、整洁，保持空气清新，室内温度要适宜；及时帮助宝宝清理鼻腔内的分泌物，不要让鼻道内堆积太多的鼻垢；在洗澡的时候注意保暖；使用空调时，室内与室外温度不可反差太大；等等。

幸福分享站

新生宝宝刚刚来到这个世界，需要一个适应的过程，而在这期间，宝宝需要爸爸妈妈无时无刻的陪伴与照看，爸爸妈妈要密切观察宝宝的一举一动，如果发现宝宝经常打喷嚏确实是一些疾病的征兆，如感冒、鼻炎等，一定要及时带宝宝去医院检查。

附：宝宝行为暗语的趣味表现

看到宝宝吃手指、啃脚丫、撕纸……这些行为很怪异也很有趣，可是下面我们讲到的特殊行为暗语比这些行为还要怪异、有趣。当然这里我们说的怪异不是说宝宝行为有多古怪，而是说宝宝的一些表现超出了我们的认知，比如在智力这一方面，我们往往严重低估了0~1岁宝宝的智力，即使他们还不会讲话，但是他们已经学会了察言观色，下面我们就来破解一下宝宝行为暗语的趣味规律。

趣味表现一：宝宝会挑人

如果设定一个场景：一个8个月左右的宝宝在床上玩耍，玩了一会儿，宝宝有点累了，想要寻求抱抱，这时站在他身边的有三个人，分别是爷爷、爸爸和妈妈，你觉得宝宝会把双手伸给谁呢？

有研究人员曾做过类似的实验，通过大量数据的采集，研究人员发现，宝宝向爷爷、爸爸和妈妈伸出双手的概率分别为10%、30%和60%。

为什么会出现这样的差别呢？其实这其中涉及一点心理学的秘密。宝宝第一个心理发展期我们可以称之为"依恋期"，在这段时期，十月怀胎的"相依"使得宝宝与妈妈建立了足够的亲密关系，这种亲密关系能带给宝宝足够的安全感，所以宝宝有需求时第一个想到的人会是妈妈，而并非爸爸或是爷爷。这就很好解释了关于抱抱的秘密。

趣味表现二：宝宝会"审势度人"

如果爸爸妈妈感兴趣的话，不妨邀请宝宝的爷爷或是奶奶做这样一个有趣的实验：拿一个新奇的玩具放到宝宝面前，爸爸、妈妈和爷爷（奶奶）分别告诫宝宝不能玩玩具，然后观察宝宝的反应。

一般来说，对于爷爷（奶奶）的话，宝宝更容易接受，像是接到上级命令一般；而对于妈妈的话，宝宝很可能装作没听见，采取忽视战略；而对于爸爸的话，宝宝可能是先配合一下，不去玩玩具，可是一旦有机会，宝宝就会把玩具拿在手里。

那么这个实验又是怎么回事呢？其实很好理解，这个阶段，在宝宝看来，除妈妈之外，其他人更像是一个外人一般，即使是爸爸也一样，所以对于"陌生"的人，宝宝保持着更大的警惕和畏惧之心，而对于更"亲近"的人（这里指妈妈），宝宝会表现出无所畏惧的心态，其实这便是宝宝察言观色、"审势度人"的结果。

趣味表现三：宝宝是个演员

你能想象一个6个月大的宝宝假哭吗？的确，就是假哭，宝宝咧着嘴，皱着眉头，眯着眼睛，再加上那有节奏的哭喊声，你真以为他在啼哭呢，可是等到你走过去还没搞清楚是怎么回事时，他的哭声戛然而止，取而代之的是一脸欢乐的表情，你确信宝宝没什么事，可是你刚一转身，宝宝又开始号啕大哭……如此往复多次，你才知道被这个小家伙"骗"了，因为他的眼角根本没有眼泪，不是在哭闹。

宝宝会有如此逗趣的表现，不愧是天生的演员，那么宝宝为什么会假哭呢？其实，这并不是因为宝宝淘气，而是宝宝想要通过这样的行为来吸引大人的关注，这往往也意味着爸爸妈妈忽视了对宝宝的陪伴，这是宝宝在向爸爸妈妈表示抗议呢。

宝宝虽然很小，感情却很丰富，他们需要被关注、被关爱，所以爸爸妈妈应该尽可能多陪伴宝宝。

第六章

糟心问题有妙招，
读懂宝宝婴语中的
潜在心理和需求

养育宝宝真是一项难度系数较大的工作，这不，爸爸妈妈刚费尽九牛二虎之力破解了宝宝的怪异行为，又被宝宝那些糟心的问题难住了，比如，不好好吃奶啦，不爱洗澡啦，爱闹觉啦，爱发脾气啦，等等。总之，这些糟心的问题让爸爸妈妈惆怅的同时又揪心不已。其实，爸爸妈妈不必烦恼，只要读懂了宝宝婴语当中潜在的心理和需求，就能找到问题的根源，从而对症下药，给予宝宝最好的照顾和引导。

不好好吃奶——宝宝厌奶期的应对策略

妈妈发现刚4个月大的花花最近不怎么喜欢吃奶了，以前差不多两三个小时就要吃一次奶，而最近几天都不怎么吃，妈妈很担心花花生病了，赶紧带着她去医院检查，结果大夫说花花进入了厌奶期。

宝宝厌奶了？相信这令很多爸妈感到疑惑，而且对于很多新手爸妈来说，"厌奶期"这个词还真是头一次听说，那么究竟什么是厌奶期呢？该怎样应对宝宝的厌奶期呢？

什么是厌奶期

宝宝出生后不久会经历这样一段时间：宝宝不喜欢吃奶，或是吃奶的时候注意力不集中，很容易被其他事物吸引。这段时间称为"厌奶期"。一般来说，宝宝厌奶的原因有以下三种：

1. 生理性厌奶

细心的妈妈可能发现宝宝在两三个月的时候吃奶量会降低，然而身体却很健康，这是因为在这之前，宝宝吸奶靠的是反射行为，即只要给奶水就喝，而在这之后，随着宝宝的发育成长，这种较为低级的反射行为逐渐被取代，宝宝会根据身体实际的需要和食欲来调整对奶水的需求量。

而到了4~6个月以后，宝宝又迎来新的一段厌奶时期，一方面是因为宝宝的感官愈渐成熟，对外界的探索欲望更加强烈，吃奶这件事情已经不是宝宝主要关注的事情了；另一方面，这阶段的宝宝开始添加辅食，多样化的食物也造成了宝宝的分心。

2. 心理性厌奶

除了生长发育带来的影响外，心理性厌奶也是宝宝厌奶的主要原因。从宝宝出生开始一直喝的是同一种食物，一段时间以后，宝宝当然会感到厌烦了。

另外，进食味道较大的差异也会影响宝宝的食欲和胃口，从而影响宝宝的饮食倾向。在为宝宝添加辅食时会有果汁、钙水等比母乳或配方奶味道重很多的液体，这些液体也是通过奶瓶喂养的，但是与母乳及配方奶相比味道却有很大的区别，再加上宝宝味觉的发育，他们很想探索新的味道，于是相对于吃腻了的奶水，他们更喜欢新鲜的味道。

3. 病理性厌奶

生理性厌奶和心理性厌奶都是宝宝身体健康的正常现象，但是病理性厌奶则预示着宝宝的健康状况出了问题，比如宝宝在厌奶的同时还伴有睡不安、精神差、易哭闹等症状，这就很可能是某些急性疾病的信号，如急性咽喉炎、急性呼吸道感染、急性肠胃炎、鹅口疮等。

宝贝观察室

虽然宝宝的厌奶行为让很多爸爸妈妈焦虑，但从另一方面讲，这也是一件好事，因为这是宝宝在向爸爸妈妈传达各种信息，比如厌奶可能是在提醒爸妈，该给他吃些不同的东西或是添加辅食了。

有些爸爸妈妈发现宝宝有对副食品过敏的情况，如果爸爸妈妈不放心，可以先从低过敏食物开始给宝宝添加辅食，如婴儿米粉，一般来说，很少有宝宝对婴儿米粉过敏的。

帮助宝宝顺利度过厌奶期

宝宝厌奶了，爸爸妈妈很担心宝宝的营养跟不上，那么该怎样帮助宝宝顺利度过厌奶期呢？

1. 以平常心对待

很多爸爸妈妈看到宝宝厌奶就十分焦虑，而且也把这种焦虑传达给了宝宝，当宝宝感受到焦虑和压力时会本能地抗拒吃奶，其实只要宝宝各方面都健康、正常，爸爸妈妈完全可以放宽心，以一颗平常心对待宝宝的厌奶行为。

2. 不要强迫宝宝喝奶

有些爸爸妈妈看到宝宝不吃奶既焦急又担心，索性强迫宝宝喝奶，结果反而让宝宝对喝奶产生了抵触和恐惧心理。

其实，在厌奶期，宝宝会根据自己的消化能力决定进食奶量，所以只要宝宝身高、体重等情况正常，爸爸妈妈就不要强迫他喝奶，这时爸爸妈妈更应该考虑怎么引导宝宝接受半流质的辅食。

3. 适当改变喂养方式

在厌奶期妈妈可以适当改变喂养方式，采取较为随性的喂养方式（只针对喂奶），即只要宝宝有需求就喂他奶喝。当然，也可以运用一些小技巧，如多陪宝宝玩一些消耗体力的游戏，这样也能改善宝宝的进食状况。

4. 营造良好的喂奶环境

这时的宝宝开始对外界感到好奇，如果在喂奶时环境嘈杂或是出现吸引他的玩具，那么宝宝就会觉得这比吃奶更有趣，自然会被吸引，所以给宝宝喂奶时要尽量保持一个柔和、安静的环境。

有时候宝宝不好好吃奶很可能是因为妈妈的喂奶姿势不对，下面是几种受宝宝欢迎的喂奶姿势，经常练习，宝宝可能会爱上吃奶哟。

喂奶姿势集锦	具体操作
摇篮抱法	将宝宝抱在怀里，用前臂和手掌托着宝宝的身体和头部；放在乳房下的手呈U形，不要弯腰，也不要探身，让宝宝贴近乳房；喂右侧时用左手托，喂左侧时用右手托
足球抱法	将宝宝抱在身体一侧，胳膊肘弯曲，手掌伸开，托住宝宝的头，让他面对乳房，让宝宝的后背靠着你的前臂；为了舒服起见，可以在腿上放个垫子
侧卧抱法	疲倦时可躺着喂奶。这时身体侧卧，让宝宝面对你的乳房，用一只手搂着宝宝的身体，另一只手将奶头送到宝宝嘴里
交叉摇篮抱法	与第一种类似，不同之处是喂右侧时要用右手托，喂左侧时用左手托

宝宝爱闹觉？揭秘宝宝的闹觉真相

芸芸妈妈：

最近宝宝越来越不好带了，以前她困了躺着给她喂几口奶她自己就睡了，现在不行了，给奶不吃，抱着也闹，好不容易哄好了这个小祖宗，结果刚一放下又醒了。

莉莉妈妈：

我家宝宝闹觉也闹得厉害，这几天晚上睡觉前都要闹一阵子，怎么哄都没有用，直闹得我发火！

昆昆妈妈：

别提了，我家那个昨天晚上闹了大半夜，一气之下我还打了她屁股两巴掌，这么闹下去我都要崩溃了。

……

妈妈们凑在一起总有说不完的话，其中自然少不了宝宝闹觉的话题，而且在妈妈们的口中，大多数宝宝都是闹觉小魔王，常常一言不合就哭闹。其实，每个宝宝都有不同程度的闹觉问题，有的宝宝喜欢在睡前"磨人"，有的宝宝则喜欢在半夜闹觉，那么宝宝究竟为什么这么喜欢闹觉呢？宝宝闹觉时妈妈又该怎么办呢？

宝宝闹觉原因大搜罗

宝宝闹觉的原因有很多，如果不仔细查找，真的不知道宝宝究竟因为什么闹觉，下面是宝宝闹觉的一些常见原因：

（1）白天睡眠不足。通常宝宝闹觉的主要原因是白天没睡好。

（2）睡眠环境不舒适。如果宝宝的睡眠环境不舒适，如尿布湿了，被褥太厚，室内温度太高或是太低，会出现不同程度的闹觉。

（3）鼻塞、呼吸不畅通。如果宝宝感冒或是吃奶时鼻塞，鼻腔中会结鼻痂，鼻痂一旦堵塞鼻腔，就会迫使宝宝用嘴呼吸，这时干燥的空气进入咽喉会使咽喉受到刺激，宝宝便会感到不舒服，进而发生闹觉。

（4）夜里频繁喂奶。有的妈妈看到宝宝睡到半夜醒了，一哭就给宝宝喂奶，结果宝宝养成了夜里频繁吃奶的习惯，所以宝宝夜晚经常会从哭闹中醒来寻找奶喝。

（5）生理疾病。像是佝偻病、蛲虫病、肠绞痛等都会让宝宝感到不适，进而影响宝宝的睡眠。

以上原因只能解释大部分宝宝的闹觉现象，由于每一个宝宝的脾气秉性不同，爸爸妈妈还是应该仔细观察并找到宝宝闹觉的具体原因，对症下药。

宝贝观察室

大多数妈妈都观察过宝宝闹觉时的表现，可是很多妈妈还是分不清宝宝闹觉和饥饿的区别，结果在宝宝闹觉时喂奶，在宝宝饥饿时哄宝宝睡觉，这么做宝宝当然不开心了。下面是一张宝宝闹觉和饥饿时的对比表格，可以帮助爸爸妈妈快捷地分辨出宝宝是在闹觉还是饿了。

宝宝闹觉时的表现	宝宝饥饿时的表现
刚开始会出现不规则的躁动，接着发展为3+1+2+1模式，即三声短促高昂的啼哭，一声长且刺耳的啼哭，接着喘两口气，然后是一声更长更响的啼哭。与此同时还伴有打哈欠、弓背、蹬腿、抓耳朵、挠脸等现象。这时如果妈妈去抱宝宝，他会拼命往妈妈怀里钻	刚开始宝宝并不会哭，而是会发出轻微的、类似咳嗽的声音，接着哭声短促而有节奏。与此同时还伴有轻舔嘴唇的现象，有的宝宝也会把头扭向一边，把小拳头放到嘴边，或是把手指伸进嘴里吮吸

宝宝闹觉的应急策略

很多妈妈面对宝宝的闹觉感到束手无策，其实只要掌握一些方法就能很好地缓解宝宝的闹觉行为，上面我们分析了宝宝闹觉的常见原因，妈妈可以根据宝宝具体的情况采取相应对策。除此之外，当宝宝闹觉时，妈妈有必要掌握一些应急策略。

1. 抚摸和轻拍

通常来说，妈妈抚摸宝宝的时候能带给宝宝一种安心的感觉，而且，皮肤与皮肤的接触会让宝宝产生一种享受感，这种感觉有助于稳定宝宝的情绪。所以当宝宝闹觉时妈妈不妨轻轻地抚摸宝宝，至于抚摸的位置，妈妈可以观察宝宝的反应，选择宝宝喜欢的地方。另外，轻拍也是一个好方法，不过要记住，轻拍一定要有节奏感。

2. 唱摇篮曲

摇篮曲对于宝宝来说有着别样的吸引力，如果宝宝是轻微的闹觉，妈妈可以轻轻地哼唱一首摇篮曲，或是类似的入眠曲。当然，也可以把宝宝抱在怀里哼唱，这样宝宝会更快入睡。

3. 给宝宝一个玩具

如果宝宝闹觉闹得厉害，怎么哄都不睡，那么妈妈不妨先用一个好玩的玩具吸引他，然后拿给他玩耍，宝宝很可能玩着玩着就睡着了。

幸福分享站

有的妈妈会发现宝宝虽然看着很疲倦了，但是就是不睡觉，反而会大哭，其实不是宝宝不想睡，而是体内的化学物质在对抗疲劳。大量研究显示，缺乏睡眠会导致中枢神经系统高度清醒，使得宝宝总是处于兴奋状态而无法放松。也就是说，很多宝宝闹觉其实是因为累到崩溃，难以入睡。知道了这一点后，妈妈就要学会细心观察宝宝的睡眠信号，如打哈欠、揉眼睛等，提前哄宝宝入睡。

不爱洗澡？让宝宝爱上洗澡其实很简单

果果妈妈的求助：

我家宝宝这几天十分抗拒洗澡，一给他洗澡就哇哇大哭，甚至不愿意迈进浴室半步，有时候我只好强行把他抱到浴室给他擦擦，结果整个过程宝宝哭得稀里哗啦，真是愁人，现在天气这么热，宝宝却抗拒洗澡。我要怎么办呢？

对于新手爸妈来说，给宝宝洗澡真是一个让人头疼的问题，尤其是在夏天的时候，好动的宝宝经常弄得大汗淋漓，浑身脏兮兮的，不洗吧，宝宝脏脏的，不卫生；洗吧，宝宝又十分抗拒。其实爸爸妈妈不要太过埋怨宝宝，宝宝不喜欢洗澡是有原因的，如果爸爸爸妈妈能找出这些原因，并加以引导，相信宝宝愁人的洗澡问题一定能得到解决。

宝宝不爱洗澡的原因

宝宝不爱洗澡有很多原因，下面是一些宝宝不爱洗澡的常见原因，爸爸妈妈不妨观察一下自己的宝宝是否是因为这些原因而不爱洗澡。

（1）宝宝饿了。如果宝宝饿了，心情是很糟糕的，你这时让他洗澡，而不是给他饭吃，宝宝当然会抗拒了。

（2）宝宝累了。如果发现宝宝提不起精神，或是一副昏昏欲睡的样子，那么宝宝很可能是累了，想要休息了，这时你给他洗澡是在打扰他的休息，他会高兴吗?

（3）室温、水温不合适。一般情况下，20℃的室温最为合适，如果室温偏高或是偏低，都会影响宝宝的情绪；而洗澡水的水温一般应在38℃～40℃，太高或太低都会让宝宝感到不舒服。

（4）怕眼睛里进浴液。很多爸爸妈妈在给宝宝洗澡时会不小心把浴液或是泡沫弄进宝宝眼睛里，宝宝感到不舒服，就会抗拒、挣扎，这是宝宝自我保护的防御性条件反应。

（5）玩游戏被打断。如果宝宝正玩得高兴却被你抱来洗澡，宝宝当然会不高兴了。

（6）糟糕的洗澡经历。如果是宝宝突然不爱洗澡，很可能是因为之前洗澡的时候发生了不愉快的事，导致宝宝产生了排斥心理。

当然，宝宝不爱洗澡还有很多原因，这些原因不一定符合所有宝宝，细心的爸爸妈妈还是要多观察宝宝，找出宝宝不爱洗澡的真正原因。

宝贝观察室

妈妈最近因为洋洋的洗澡问题颇为烦恼，之前给洋洋洗澡都是用手盆，可是洋洋渐渐长大了，手盆的大小已经不合适了，所以妈妈就买了一个大澡盆，可是每次把洋洋放到洗澡盆里的时候，洋洋就会突然大哭起来，而且眼里还带着一丝恐惧，妈妈又试了几次，可是结果还是一样，这是怎么回事呢？

你在给宝宝洗澡时是否也遇到过类似的问题呢？试着分析一下洋洋害怕洗澡的原因，帮助洋洋妈妈吧。

让宝宝爱上洗澡的小技巧

有些爸爸妈妈发现，即使找到了宝宝不爱洗澡的原因，也试着去采取措施，可是宝宝还是对洗澡不感兴趣，这时爸爸妈妈不妨试试下面几个小技巧，说不定宝宝会很快爱上洗澡哦。

1. 让洗澡变成一件有趣的事情

如果将洗澡变成一件十分有趣的事，那么宝宝一定会爱上洗澡。比如爸爸妈妈可以为宝宝准备专用浴液、洗澡玩具，在整个洗澡的过程中和宝宝一起玩耍或是让他自己玩耍，这样宝宝在洗澡开始和结束时都会很开心。

2. 试试新鲜的洗澡方式

如果宝宝突然不想在盆里洗澡了，可能是他对这种洗澡方式感到厌烦了，这时爸爸妈妈不妨给他换一个颜色鲜艳的新盆，或是买个足够大的盆，能躺在里面的那种，那样宝宝一定会重新爱上洗澡的。

3. 采用舒服的洗澡方式

舒服的洗澡方式会带给宝宝享受的感觉，在给宝宝洗澡时爸爸妈妈可以把毛巾铺在澡盆边上，一只手扶着宝宝，让宝宝面对着你，然后用另一只手为宝宝洗澡。注意在洗澡时要用无刺激性的肥皂、香波和柔软的毛巾。洗完澡把孩子抱出澡盆后，要用一块大的干毛巾把他裹好，这对宝宝保持体温很有帮助。

4. 给予宝宝安全感

给宝宝洗澡时，爸爸妈妈可以对宝宝温柔地唱歌、讲话，或是鼓励宝宝拍水玩儿，这样能给宝宝带来安全感，同时也能让宝宝愉快地度过这段时光。

5. 控制洗澡的时间

新生儿洗澡时间不宜过长，一般5～7分钟即可，满月后洗澡时间可逐渐增加，但最好要控制在10～15分钟之内，否则会引起宝宝的厌烦情绪。

幸福分享站

一些粗心的爸爸妈妈在给宝宝洗澡时总是忽视一些细节问题，不仅会使得宝宝不高兴，而且会损害宝宝的身体健康，所以请你千万不要再做粗心的爸爸妈妈了。下面是在给宝宝洗澡时要注意的一些问题，爸爸妈妈一定要牢记哟。

（1）洗头时不要用手指甲抓洗宝宝的头部，以免抓破宝宝娇嫩的头皮。

（2）囟门的位置一定不要用力搓，轻轻擦拭即可。

（3）洗澡前1个小时不要给宝宝喂奶，以免因为揉搓致使宝宝吐奶；洗澡之后也不要立即给宝宝喂奶，而是应该等上10分钟。

（4）宝宝接种疫苗后的24小时内不要洗澡，身上有创伤也不要洗，用温热毛巾擦拭即可。

（5）小宝宝最好每天洗一次澡，洗澡时间可以安排在上午喂奶之前，也可以安排在晚上睡觉之前。如果是在炎热的夏天，洗澡频率也可以调整为每天2次。

宝宝也有"焦虑症"？ 缓解宝宝的烦躁不安

很多新手爸妈在宝宝还没出生的时候就信誓旦旦地保证自己一定能胜任这份光荣的照看工作，可是等到宝宝真的出生了，各种烦人问题纷至沓来，宝宝烦躁不安就是难以应付的问题之一，那么究竟是什么原因让宝宝患上了"焦虑症"呢？

宝宝烦躁不安的原因

面对宝宝的烦躁不安，很多爸爸妈妈会认为这是宝宝燥热的表现，其实令宝宝烦躁不安的原因远不止于此，下面是一些常见原因：

1. 生理原因

宝宝的烦躁不安很多时候是一种正常的生理现象，就像是我们感冒了要打喷嚏一样正常，如果宝宝正处在出牙期、断奶期或是刚刚打了预防针，都可能出现烦躁不安的情绪。

2. 饮食不当

宝宝睡前吃得太饱引起消化不良，或是宝宝对新添加的辅食不适应，这都会引起宝宝的烦躁不安，这是宝宝在向你表达自己的不满呢，毕竟在吃这一方面，宝宝一点也不含糊。

3. 睡眠问题

如果有人在你熟睡的时候叫你起床，你的心情一定糟糕极了；如果你的睡眠无规律，你也会烦躁不安。其实因为睡眠问题引发的烦躁不安也适用于宝宝，如果宝宝长期睡眠不足，或是睡眠无规律导致睡眠紊乱，那么宝宝也很容易烦躁不安。

4. 环境变化

当宝宝周围的环境突然发生变化的时候，比如，出门到一个陌生的地方或是宝宝的照看者发生了变化，宝宝会本能地产生烦躁不安的情绪。

5. 疾病因素

当宝宝烦躁不安时也可能是宝宝生病了，这是宝宝在向爸爸妈妈释放预警信号，常见的疾病如便秘、腹泻、湿疹、鼻塞、发热、中耳炎、鼻窦炎等都会让宝宝感到烦躁不安。

有的爸爸妈妈发现，宝宝在下午4点到下午6点的时候最容易烦躁，而且还时常伴有哭闹，这是怎么回事呢？

　　一方面，就像是我们工作了一天下班的时候最累一样，宝宝通常在下午4点到6点的时候最累；另一方面，在这个时间段，宝宝的体温会到达高峰，这会让宝宝觉得更累，精疲力竭。

缓解宝宝的烦躁不安

　　宝宝还未出生前一直生活在妈妈黑暗狭小且温暖的子宫里，可是突然有一天，宝宝离开妈妈的子宫来到了外面的世界，这时宝宝会出现严重的"水土不服"，表现得烦躁不安，那么爸爸妈妈该怎样缓解宝宝的这种情绪呢？下面是缓解宝宝烦躁不安情绪的一些常用方法。

　　1. 接触、抚触

　　妈妈与宝宝肌肤的接触能带给宝宝极大的安全感，从而使宝宝很快安静下来。如果宝宝烦躁不安，又一时找不到原因，那么不妨给宝宝脱光光，让他紧贴着妈妈的身体。另外，温柔地抚触也能很好地缓解宝宝烦躁不安的情绪。

　　2. 使用襁褓

　　裹紧的襁褓对新生宝宝有很神奇的安抚作用，这是因为襁褓能够带给宝宝一种被包裹在妈妈子宫里面的感觉。通常来说，在宝宝四个月大之前，这种方法更有效。但需要注意的是，不能让宝宝裹得过热，也不能让宝宝趴着睡觉。

3. 哺乳安抚

很多妈妈发现，每当宝宝烦躁的时候，只要把乳头及时塞进宝宝嘴里，宝宝马上就能平静下来，这是为什么呢？首先，宝宝在妈妈子宫里的时候就十分钟爱这种吮吸活动，吮吸乳汁能带给宝宝熟悉的感觉；其次，乳汁的气味不但可以安抚宝宝的情绪，还具有一定的镇痛作用。

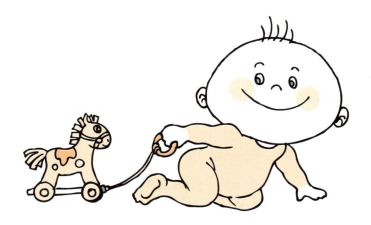

4. 声音安抚

宝宝对声音十分敏感，所以当宝宝烦躁不安时，爸爸妈妈可以通过声音安抚宝宝，比如，连续地发出有力度的"Shi!"的声音，模拟宝宝在子宫里听到的声音；对着宝宝轻声说话，轻柔、缓慢的语调能带给宝宝安慰。

幸福分享站

如果宝宝有一个良好的精神状态，就可以在一定程度上减少烦躁情绪的产生，这就需要宝宝有一个良好的睡眠习惯，下面是宝宝睡前的一些注意事项：

事项一：睡眠时间要规律

为宝宝制定固定的睡眠时间很重要，有些爸爸妈妈因为宝宝玩游戏或是不想睡觉而推迟宝宝的睡觉时间，长此以往宝宝的睡眠时间无规律，睡眠质量难以得到保证。因此爸爸妈妈要帮助宝宝养成规律的睡眠习惯，尽量在固定的时间睡觉。

事项二：要有固定的就寝活动

如果在宝宝每天睡前都有一个固定的就寝活动，如换尿布、讲故事、玩游戏等，时间长了宝宝就会形成一种习惯或是条件反射，每当宝宝做完这些事情后就会自觉入睡。

事项三：切忌视觉刺激

视觉刺激会让宝宝的脑部活动更加活跃，难以安静下来，所以在宝宝准备睡觉前，室内光线不要太强，尽量让室内光线柔和、昏暗一些。

事项四：忌睡前过度兴奋

睡觉前太过兴奋会让宝宝的情绪和脑活动处于兴奋状态，使宝宝难以入睡，因此在宝宝睡觉前，爸爸妈妈要避免一些较为激烈的游戏，如抛高高、枕头大战等。

胃口大、脾气差、太烦人——原来宝宝有个猛长期

我们都知道，人到了青春期的时候生长发育会特别快，你是否也观察过自己的宝宝呢？宝宝在出生一年之内的某些时间段或是时间点个子长得特别快，而且常常伴随一些令人烦恼的问题，如脾气差、很烦人等。其实这都是宝宝正在经历猛长期的正常表现，那么所谓的"猛长期"究竟是怎么一回事呢？

什么是婴儿猛长期

猛长期也叫快速生长期、迅猛期，是每个宝宝都要经历的。在这期间，宝宝的身体发育特别快，情绪问题也会随之产生。婴儿猛长期通常发生在宝宝出生后的第7~10天、2~3周、4~6周、3个月、4个月、6个月及第9个月。

通常在婴儿猛长期，宝宝会有如下表现：

1. 胃口大开

猛长期的宝宝会突然食量大增，频繁进食，比如之前都是每隔3～4小时吃一次，现在可能每隔1个小时吃一次，而且每次都要吃好久，这会让母乳喂养的妈妈压力倍增，有些妈妈甚至会担心自己母乳的量是否能满足宝宝。

2. 爱发脾气

猛长期的宝宝不仅长胃口、长身体，还会长脾气，尤其是妈妈的奶水没有及时跟上的时候，宝宝会闹得特别厉害。

3. 睡眠质量差

在刚进入猛长期的头两天，宝宝还是很安静，很乖巧的，可是过了这两天，宝宝就开始不踏实了，经常喜欢在夜里闹腾，宝宝的睡眠质量差，闹得爸爸妈妈也经常睡不好。

宝贝观察室

其实除了上面讲到的婴儿猛长期的表现，还有诸多猛长期的变化有待爸爸妈妈去挖掘，那么作为宝宝的悉心照看者，你发现宝宝在猛长期的变化了吗？请根据前面的例子，把你观察到的填写下来。

·宝宝长高了，衣服突然小了一大截。

·醒着的时间长了，变得比之前更活跃了。

·有时会竖起耳朵像是在听着什么，而且听得很仔细。

· _____

· _____

· _____

帮宝宝平缓度过猛长期

面对宝宝猛长期突如其来的变化，很多爸爸妈妈会手忙脚乱，不知所措，那么该怎样帮宝宝平缓地度过猛长期呢？下面是几个小技巧。

1. 按需哺乳

我们知道猛长期的宝宝胃口很大，有些妈妈可能担心自己的奶量不够，于是慌忙给宝宝添加奶粉或是辅食，这样反而会导致妈妈的乳汁分泌量下降。其实妈妈只要保证正常的饮食，摄入足够的水分，身体就会在很短的时间内自动调整好，乳汁分泌量也会增加。

2. 安抚情绪

猛长期的宝宝情绪波动很大，爸爸妈妈要学会安抚宝宝的情绪，比如可以把宝宝轻轻地抱在怀里，给他讲故事，跟他说说话，或是带他出去散散步。总之，要找到一种或是几种能让宝宝情绪稳定下来的方式。

3. 耐心陪伴

面对宝宝的猛长期，爸爸妈妈要有一个良好的心态，要静下心来耐心地陪伴宝宝，比如宝宝可能在晚上十分闹人，这时爸爸妈妈切不可急躁，更不应该去呵斥宝宝，而应该找一些能让他安静下来的方法。

总之，宝宝的猛长期只是宝宝成长过程中的一种暂时的现象，一般持续2～3天就会结束，长一点的会持续一周左右的时间。在这个过程中，虽然爸爸妈妈会很累很烦躁，但耐心坚持的同时也能见证宝宝的快速成长。

在宝宝的猛长期，妈妈可能是最忙碌的人了，不光要频繁地喂奶，还要照顾宝宝暴躁的小脾气，很多妈妈为此感到身心俱疲。所以为了帮助宝宝顺利度过这段时期，妈妈首先要保持自己旺盛的战斗力，比如放松心情，补充营养和水分，保证充足的睡眠时间。当然，如果妈妈感到很累，不妨把照顾宝宝的任务分给爸爸一些，比如让爸爸照看宝宝，自己去睡个回笼觉。

1岁前宝宝的精选育儿问答

Q1:新生宝宝半夜睡觉打嗝是怎么回事？

宝宝在睡觉时明明睡得很香，可是嘴里却发出"嗝、嗝"的声音，这是怎么回事呢？通常来说有三点原因：第一，外感风寒，寒热之气逆而不顺，俗话说是"喝了冷风"而诱发打嗝；第二，由于喂食不当，比如宝宝在睡前喝生冷的奶水，胃气上逆而诱发打嗝；第三，睡前进食过急或惊哭之后进食，一时哽噎也可诱发打嗝。

Q2：宝宝晚上睡觉踢被子是怎么回事？

很多爸爸妈妈反映宝宝在睡觉的时候经常踢被子，大多数父母认为这是宝宝因为热而做出的本能反应。其实，热并不是宝宝踢被子的唯一原因，宝宝晚上睡觉踢被子还可能是因为被子太厚了，影响到了宝宝的呼吸；也可能是宝宝感觉到不舒服，比如环境嘈杂，穿得太多，睡前吃得过饱；等等。除此之外，还可能是由一些疾病引起的，比如，当宝宝患佝偻病或贫血时，神经调节功能不稳定，宝宝十分容易出汗、烦躁，这时就容易踢被子。

Q3：宝宝睡觉磨牙是怎么回事？

望着熟睡的宝宝，爸爸妈妈心里满是幸福和喜悦，可是突然熟睡中的宝宝发出"吱吱"的声音，原来宝宝在磨牙，那么宝宝为什么会磨牙呢？一是因为宝宝的肠道里有蛔虫，蛔虫寄生在宝宝的小肠内，不仅掠夺营养物质，还会刺激神经，从而引起磨牙；二是因为精神高度紧张，当宝宝因为调皮受到爸爸妈妈责骂而感到压抑、焦虑时，或是睡前玩得太兴奋时都会引起磨牙；三是晚餐吃得过饱，胃肠道不得不"加班工作"，甚至连咀嚼肌也被动员起来，开始不由自主地收缩，引起磨牙；四是因为营养不均衡，导致宝宝体内缺乏钙、磷、各种维生素和微量元素缺乏，从而引起磨牙。

Q4：宝宝经常拉肚子是怎么回事？

宝宝拉肚子是个愁人的问题，如果宝宝经常拉肚子就更让爸爸妈妈担心了，那么宝宝经常拉肚子是怎么回事呢？首先，从生理角度来讲，一方面是宝宝的肠胃系统还处于发育和适应的阶段，消化能力很差，导致宝宝经常拉肚子；另一方面，这时宝宝的免疫力较低，很容易让外界的病菌入侵而引发拉肚子的行为，比如食物没有洗干净就吃进肚子里。其次，到了添加辅食的阶段，有些爸爸妈妈为了丰富宝宝的营养，添加的辅食过于复杂，经常把几种食物混在一起，这样也容易引起宝宝拉肚子。